Berthelot, —————  LK7 35513

Jypy Bressone

1887

13—17, 26-27

26 27

# TOPOGRAPHIE

DE LA

## VILLE ET SUBDÉLÉGATION

## DE BRESSUIRE

(En 1786)

PAR M. BERTHELOT, D. M.



BRESSUIRE

E. LANDREAU, IMPRIMEUR-LIBRAIRE-ÉDITEUR

43, GRANDE-RUE, 43

—

1887

# TOPOGRAPHIE

## DE LA

## VILLE ET SUBDÉLÉGATION

## DE BRESSUIRE

La subdélégation de Bressuire comprend deux petites villes : savoir, Bressuire et Argenton-Château, et 38 paroisses, connues sous les noms de Chambroutet, Noirlieu, la Chapelle Gaudin, Moutiers, Sanzais, Étusson, Boisse, la Coudre, St Aubin du Plain, St Clémentin, Voutegon, Beaulieu, Bretignolle, le Pin, Cirières, Breuil Chaussée, Courlais, Pugny, le Breuil-Bernard, St Porchaire, Noireterre, Geay, Fayelabesse, St Sauveur, le Givre en mai, Chiché, Boismé, la Chapelle St Laurent, Largeasse, Chanteloup, Moncoutant, Terves, Clazais, la Ronde, Montigny, St André sur Saivre, St Jouin de Milly et Cerizaye.

Je ne dirai rien de la description de la petite ville de Bressuire, j'en ai rendu compte à la Société Royale de médecine. Cette savante compagnie a bien voulu accueillir favorablement ce faible essai, à sa séance publique du 15 février 1785, et m'en témoigner sa satisfaction par l'organe de M. Vicq d'Azir, son secrétaire perpétuel. J'avais joint à cette description quelques observations particulières : l'une, sur une guérison d'une hydropysie ascite-scorbutique, survenue à une hémoragie très-violente par les gensives, parfaitement guérie par l'usage des pillules toniques de M. Bâcher, après deux opérations de paracenthèse ; la seconde sur l'engorgement skirreux des glandes des deux seins, venu subitement à la suite d'une suppression du flux menstruel, chez une dame de 42 ans, radicalement guérie par l'usage continué pendant trois ans des pillules de ciguë, préparées à la manière de Stork : ces deux personnes jouissent depuis ce tems de la santé la plus parfaite ; une 3e sur une végétation fort singulière d'une substance cornée, à la joue droite d'une femme de 82 ans. Cette corne, longue de 5 pouces, imitoit assez bien par sa couleur, sa forme et sa consistance celle du bélier.

Ayant obmis, dans la description de Bressuire, de parler de l'hopital, il est nécessaire que j'en fasse ici mention. Cette maison de piété, fondée par la piété de quelques personnes de considération, dès 1700, a été autorisé par des lettres patentes du roi (Louis XIV). Elle a été confiée à mes soins depuis le mois de novembre 1769. Mes honoraires et ceux du chirurgien ont été fixés par un arrêt du Conseil en date du 22 décembre 1714, à la somme de 20 livres pour chacun.

Cet hopital qui ne contenoit d'abord que 10 à 12 lits, et qu'on a porté depuis à 20 et 21, est situé dans l'enceinte de la ville, touchant les murs. Il est isolé, et n'est dominé par aucune maison. Il est composé d'une salle très-vaste et bien aérée pour les femmes, qui contient 10 lits, éclairée par trois grandes croisées, vers le jardin, à l'*ouest*, et par trois autres de même grandeur du côté de la principale cour à l'*est*. Une fort jolie chapelle, séparée du côté des femmes par une balustrade de fer et par une balustrade de bois du côté des hommes, fait la cloison des deux salles. Celle des hommes, moins grande, ne contient que six lits et est éclairée par deux fenêtres à l'*ouest* et par une croizée et une porte vitrée à l'*est*. Dans cette salle il y a une cheminée qui sert de chauffoir. Au bout de celle-ci, toujours de plain pieds, on en a pratiqué une autre petite qui contient quatre lits et qui n'est éclairée que par une seule croisée, au *midi*. Celle-ci est plus humide et bien moins saine que les deux autres.

On reçoit dans cette maison les malades des deux paroisses de la ville et les soldats qui se rendent en semestre ou qui rejoignent leurs régiments. Trois paroisses voisines ont fondé chacune un lit pour leurs malades, savoir : St Porchaire, St Sauveur et Courlay.

Cet hôpital est régi ordinairement par une dame ou demoiselle qui, sans faire de vœux, consacre ses soins et ses veilles au soulagement des pauvres malades. Ceux-ci y sont très-bien, tant pour la nourriture et les remèdes que pour la propreté. Cette supérieure a sous elle un domestique et trois servantes. On y voit une fort belle apothicairie et une lingerie très-bien fournie. On doit en partie l'une et l'autre à la générosité de M. l'abbé Gaudoin et de feu M. son oncle qui, depuis plus de 40 ans, ont fait les fonctions d'aumoniers *gratis*. Il n'y a même pour cette place nulle espèce d'honoraires, si ce n'est 50 livres fondées, depuis quelques années, par feue M^me de Reymond, et dont M. Gaudouin n'a jamais voulu profiter. La modicité de cette somme, trop petite pour faire vivre un aumonier, et le peu de revenus de cet hospice, nous font craindre d'en être privé à la mort de celui-ci. MM. les curés de Notre-Dame et de St Jean, M. le Sénéchal et MM. les officiers municipaux en sont les administrateurs.

Argenton Château, petite ville du bas poitou, diocèze de la Rochelle, avec titre de Baronnie, est située à trois lieues *nord* de Bressuire, trois lieues et demie *ouest nord ouest* de Thouars, trois lieues et demie *sud est* de Vihiers, et quatre de Chatillon sur Saivre, autrefois Mauléon.

On y voit un assez beau château, bâti entièrement de briques, sur la cime d'un rocher escarpé. Cette position a donné lieu de creuser dans le roc des appartemens superbes, qui sont parfaitement bien éclairés du côté de l'*est*. Ce château a été bâti par Philippe de Commines, célèbre historien et chambellan de Louis XI. Ce seigneur y est mort le 17 octobre 1509, à 64 ans. Cette terre lui appartenait, à cause d'Hélène de Chambes, son épouse, de la maison des comtes de Monsoreau, en Anjou. Elle appartient actuélement à M. le duc d'Uzès, à cause de M^lle de Chatillon, son épouse.

Argenton est situé sur une petite éminence, légèrement inclinée vers le *sud est*, mais dominée de tous côtés par des collines beaucoup plus élevées, de façon qu'elle est privée de toute perspective, et que l'abord en est très-difficile, si ce n'est du côté de l'ouest. Une rivière assez considérable, nommée l'Argentone en arrose les murs du côté du sud et de l'est, et un ruisseau qui l'hiver est assez gros, mouille ses murs du côté du nord. Ce dernier se jette dans l'Argentone au bas du château. Ces deux rivières courent de l'ouest à l'est et vont se joindre à la Thoüe, ou Thoué, qui passe à Thouars et à Montreuil Bellai, et se jette à Saumur dans la Loire.

L'enceinte de cette petite ville est très-peu étendue et contient à peine 500 communians, en y comprenant les faux bourgs. Outre l'église paroissiale, il y en a une autre, dans la cour du château, fondée par trois chapelains ou chanoines, et un hopital contenant 12 lits, fondé par feu M. le duc de Châtillon et gouverné par deux et quelquefois trois dames de St Thomas de Villeneuve. Les chapelains du château en sont les aumoniers.

Cet hopital, qui est hors des murs, est de la paroisse de Boesse. Il est situé à l'*ouest* sur le sommet de la colline sur laquelle la ville est bâtie, dans le plus bel air possible. Il consiste en deux salles vastes et bien aérées. Celle des hommes est au rez-de-chaussée et celle des femmes au-dessus. L'une et l'autre est éclairée d'une seule croizée vers le *nord*, sur la cour, qui est très-belle, et du côté du midi de deux croizées. La chapelle est au bout, à l'est, et elle sert pour les deux salles, dont elle n'est séparée que par une balustrade de bois fort élevée.

L'air d'Argenton est en général très-salubre, ainsi que l'eau qu'on y boit. On y voit bien rarement des épidémies. Je crois qu'on doit attribuer cette salubrité aux deux petites rivières qui baignent ses murs, l'une du côté du midi, et l'autre du côté du nord, plutôt qu'à sa position, qui sans cela devroit être mal saine. Ces deux rivières serpentant au travers de rochers escarpés, rafraichissent l'air et le renouvellent.

Comme il n'y a point de manufacture, si ce n'est quelques coutils qu'on y fabrique, et en petite quantité, il y a peu de pauvres. Le seul commerce consiste en cuirs, en fer et en ustensils de cuivre.

Les paroisses qui avoisinent cette ville (je ne parle que de celles qui dépendent de la subdélégation de Bressuire) sont Etusson, au *nord ouest*, Boësse et St Clémentin à l'*ouest*, St Aubin du plain, la Coudre et Voutegon au *sud ouest*, Sanzais et Noirlieu au *sud*, Moutiers et la Chapelle Gaudin à l'*est sud est*:

La paroisse d'Étusson est fort étendue, mais mal peuplée. Elle est située sur le penchant d'une coline au midi, défendue des vents du nord par la coline de la Fougereuse et de ceux du *nord ouest* et de l'ouest par des bois considérables. Une partie de cette paroisse est en landes. On y sème que du seigle. L'agriculture y a cependant pris quelque faveur, depuis que les habitants d'Argenton Château se sont décidés à vendre les terres de leurs jardins. Mais elles sont bientôt épuisées. Cette petite ville, dont les jardins n'avoient presque généralement été formés que de terres rapportées, offre aujourd'hui le coup d'œuil le plus triste. On n'y voit plus que pierres et rochers, au lieu de légumes. On commence aussi à enlever nos terres, et conséquemment à nous priver de l'agrément et de l'utilité dont les jardins sont pour tous les citoyens en général et en particulier : Mais à quelle extrémité n'est-on point réduit par la misère et par la pauvreté ! Il est incroyable combien cette terre produit de bled dans ces landes absolument stériles auparavant. On élève peu de bétail à Étusson, à cause de la sécheresse des paccages. Les habitants sont en général assez pauvres ; mais on y observe peu de maladies épidémiques.

Les paroisses de Boësse et St Clémentin sont situées dans un sol plus fertile ; les habitants sont plus aisés surtout ceux de la dernière. Il y a quelques vignes dans les environs de Boësse, où on récolte du vin de fort médiocre qualité. On récolte aussi du froment, mais en petite quantité. Les paroisses de St Clémentin, de Voutegon, la Coudre et St Aubin du plain sont situées dans le plus bel air possible. C'est un boccage assez découvert ; on y voit même quelques plaines assez étendues et fertiles, mais très-peu de froment.

Moutiers, situé entre Sanzais, Noirlieu et la Chapelle-Gaudin, est une paroisse très-étendue, mal peuplée. Le sol en est sec et aride. La moitié, ou à peu près, reste en friche, tant à cause du petit nombre et de la pauvreté des habitans qu'à cause de la fertilité du terrein. Cette malheureuse paroisse. sise sur une éminence légèrement inclinée vers le *nord-est*, éprouva l'hiver et le printems de 1784 et 1785 une épidémie meurtrière d'une fièvre catharale maligne vermineuse, qui y a fait beaucoup de ravages. La dernière cependant, quoique ayant attaqué un plus grand nombre d'individus (j'y ai vu à la fois 80 malades) a fait moins de victimes, sans doute à cause des secours prompts et assidus que M. Baranger, chirurgien et moi y avons porté, avec tout le zèle et l'activité dont nous étions capables. J'avois été requis par M. Blaclot, subdélégué de M. l'intendant, en qualité de Médecin bréveté pour les épidémies du département de Bressuire. Nous étions puissamment secondés par la charité active de M. Chessé, curé de la paroisse. Outre les remèdes, le vin et les bouillons qui furent fournis, nous nous empressâmes à ramener le calme dans les esprits effrayés de l'épidémie précédente, et à leur inspirer de la confiance, chose essentielle dans ces tristes circonstances. Pour comble de malheur, une mauvaise récolte de bled et le manque absolu de fourrages, occasionné par un printems et un été trop sec, ont fini de porter la désolation chez ces malheureux colons. Une partie du bétail a péri de faim, et le reste ne s'est sauvé, qu'à l faveur de la douceur de l'hiver et du printems derniers.

Toutes les paroisses ci-dessus, au nord et au nord est de Bressuire, sont en général placées en bel air, et peu ombragées de boccage. Les sources y sont rares et manquent même quelquefois dans les grandes sécheresses, surtout à Moutiers et à la Chapelle-Gaudin, de sorte qu'on est forcé dans ces tems-là, de mener le bétail boire fort loin, à des étangs ou à des marres. On est dans le même embarras pour laver les lessives.

Il n'en est pas de même des paroisses situées à l'ouest de Bressuire, telles que Beaulieu, Breuil Chaussée, Bretignolle, le Pin, Cirières, Cerizay et St-André-sur-Saivre, ni de celles situées au midi, telles que Terves, Chanteloup, Courlay, Montigny, St Jouin de Milly, la Ronde, Moncoutant, le Breuil-Bernard, Pugny, Largeasse et la Chapelle St Laurent, ni des paroisses au sud est, telles que Boismé, Chiché, Fayelabesse, Geay, Noirterre, St Sauveur et St Porchaire. Toutes ces paroisses sont extrêmement ombragées d'arbres. Des ruiseaux que le soleil le plus ardent ne peut tarir, les traversent de tous côtés; il y a conséquemment beaucoup de prairies, et on y élève beaucoup de bétail, qui en fait toute ou presque toute la principale richesse.

Il y a peu de rivières notables dans cette subdélégation. Les principales sont la Saivre Nantaise, qui traverse les paroisses de Moncoutant, la Ronde, St Jouin de Milly, la Forest sur Saivre, St André sur Saivre et Cerizay, et l'Argentonne, qui passe à Voutegon, St Clémentin, Boisse, Argenton Château et le Breuil sous Argenton. La petite rivière de Bressuire, née le Dolo, formée de la jonction de plusieurs petits ruisseaux, qui viennent des paroisses de Terves et de Clazais, passe près Chambroutet, St Aubin du plain et se jette dans l'Argentonne au-dessus de St Clémentin. Ces différentes rivières font dans leur cour tourner plusieurs moulins à farine, à tan et à foulon. La plus considérable et la plus poissonneuse de toutes est la Saivre. Celle-ci passe à Chatillon, à Tiffauge, Mortagne (ou elle fait tourner les moulins à papiers) et va se jeter dans la Loire près Nantes. Elle coule du sud au nord ouest.

La récolte des paroisses ci-dessus consiste en bled, seigle, bled sarrazin, appelé dans le pays bled noir, avoine d'hiver et lin. On n'y fait presque pas de froment, ni orge de printems, ni chanvre. On emblave généralement peu, parce qu'on réserve les trois quarts des terres pour le paccage et la nourriture du bétail. Il croît dans ces terres du genêt, qu'on fait le plus souvent bruler sur le champ même. Cette cendre est un engrais assuré pour y faire croitre du bled et de l'herbe. Chaque quarré de terre ou champ est clos par des hayes fort élevées, formées de grands houx, de petit houx, d'aubépine, de troëne, d'épine noire, de néflier sauvage, de ronces, d'églantier, de genet épineux, vulgairement appelé ageons etc. On plante de huit en huit pieds, dans ces hayes, des chênes dont on coupe le sommet pour former ce qu'on appelle dans ce pays des *testards*, des ormeaux, des cerisiers sauvages à fruits rouges et à fruits noirs, des fresnes, des érables, du sureau, du noir prune, etc., et des aulnes ou vergnes sur le bord des ruisseaux et dans les lieux bas et humides. Ces derniers arbres ne servent presque qu'à faire des sabots, d'assez mauvaise qualité, dont se servent nos bourgeois et surtout nos paysans, qui portent très-rarement des souliers, vû la malpropreté de nos chemins, qui l'hiver sont impraticables. On cultive très-peu d'espèces de saules et de peupliers, qui cependant y croîtroient très-bien.

On connoît peu dans ce pays ci les prairies artificièles ; on n'y cultive que le trefle et la luzerne, encore cette dernière plante est-elle inconnue dans beaucoup de paroisses. On sème beaucoup de navets et de choux verts, qui sont d'un très-grand secours pour la nourriture des hommes et des bestiaux. La patate, cette plante si recherchée et si multipliée, depuis quelques années surtout dans plusieurs provinces de la France, sur la quelle le célèbre M. Parmentier nous a donné un si bon ouvrage, la patate, dis-je, est très négligée dans cette contrée. Le paysan n'en cultive qu'un petit carré dans son jardin, pour la donner aux cochons qu'il veut engraisser. Insensé qu'il est, il ne fait pas réflexion que cette précieuse plante seroit pour lui un vrai trésor dans les années de disette, et que la fructification de la patate se faisant dans le sein de la terre, elle n'est pas exposée comme le bled aux ravages de la grêle, des vents et des différentes impressions des variations de l'air. Elle ne craint que la trop grande sécheresse, encore malgré cela produit-elle en assez grande abondance. Mais fortement attaché à ses préjugé, le paysan suit l'aveugle routine que lui ont trancé ses ancêtres ; tout nouveau moyen d'agriculture est regardé par lui, sinon comme une innovation dangereuse, du moins comme une découverte inutile. L'exemple n'a que peu ou point d'empire sur lui ; l'autorité peut seule le tirer de l'erreur et de l'état d'apathie dans lequel il vit.

Un de mes frères, très bon agriculteur, cultive, depuis

plusieurs années, la patate avec tout le succès possible. Il
en recueille beaucoup et engraisse des bœufs à l'aide de la
feuille et de la racine de cette plante. Ses domestiques
même, qu'il a eu de la peine à déterminer à en goûter,
préfèrent ce légume aux autres racines d'usage, telles que
le navet, la betterave, le salsifis etc. Malgré le profit
considérable qu'il en tire sous leurs yeux, malgré l'abondante récolte qu'on lui en voit faire dans un assez petit
espace de terrein, malgré le peu de culture qu'exige la
plante, il n'a pu encore parvenir à engager ses métayers,
ni ceux de la ferme qu'il fait valoir, à la cultiver en grand.
Il en a été de même des choux, qu'on a eu bien de la
peine à engager nos colons à multiplier dans les environs,
où néanmoins ils prospèrent très-bien, et sont d'un très
grand produit.

On n'élève dans cette partie du Poitou, qu'une médiocre
quantité de brebis, encore sont-elles d'une fort petite
espèce. C'est un malheur. Elles y multiplient fort bien et
donnent une laine de très-bonne qualité. D'ailleurs cette
espèce de bétail, qui se nourrit de peu, fournit sans
grande peine un profit aussi certain que considérable. On
devroit en augmenter le nombre surtout dans les paroisses
de Noiretère, Moutiers, Geays, Etusson, Bretignolles etc.,
qui sont en grande partie en landes, bruyères et fougères.

Nos paysans n'aiment pas les chevaux, aussi en élèvent-
ils très peu et de la plus petite espèce. Ceux qui y naissent
sont petits et ont la tête et les jambes fort grosses. Ils
préfèrent les mules et les mulets, parce que leur éducation
ne coûte ni soins ni dépenses. Ils les vendent à 1 an ou
15 mois et ils n'ont pas conséquemment des risques à
courir de ceux qui élèvent les chevaux qu'on ne peut
vendre qu'à quatre ou cinq ans. Mais comme les mères
n'ont ni assez de taille, ni assez de force, elle ne produisent
jamais que des mules du prix le plus médiocre et qui ne
sont propres qu'aux meuniers. Il semble qu'il seroit du

plus grand intérêt des propriétaires de forcer les colons à avoir de fortes juments, comme dans nos marais, qui donneroient des mules de prix. La plupart de nos pâturages y seroient très propres.

Le maronnier et le châtaignier sont cultivés avec soin dans plusieurs paroisses de cette subdélégation, surtout dans celles situées à l'est, au sud et sud est de Bressuire. On en fait un commerce assez étendu. On fournit de ce farineux les villes voisines. On en porte jusqu'à Loudun, Richelieu, Saumur etc. Il y a aussi beaucoup de pommiers, peu de poiriers et de noyers. L'amandier n'y produit jamais de fruit, quoique l'arbre y croisse très bien. On doit, je crois, attribuer la stérilité de cet arbre aux fréquens brouillards qui s'élèvent des sources qu'on trouve en abondance, et aux gelées blanches du printems qui brulent les fleurs et les parties de la génération. Cet arbre produit très bien à Argenton et dans les paroisses voisines.

Nous avons peu de bois de futaye; Bressuire en étoit autrefois tout à fait entouré; mais ils ont été presque tous abattus. Il y a en revanche des taillis et beaucoup d'arbres autour des champs, dans les hayes et le long des chemins, qui fournissent le bois de chauffage et de construction pour les maisons et granges.

L'air de ce pays est en général tempéré; les vents qui y soufflent le plus communement sont ceux du sud, sud est, ouest et nord ouest. Les autres vents soufflent très rarement. Je dois cependant observer que depuis deux ans, les vents d'est et de nord est ont soufflé une grande partie de l'hiver et presque tout le printems. Nous attribuons en grande partie à ces vents et à la sécheresse qu'ils ont produits les fièvres catharrales épidémiques que nous avons particulièrement observé depuis quelques années.

Les maladies endémiques aux paroisses situées au sud
est, au sud et au sud ouest de Bressuire me paroissént
être les fièvres intermittentes rebelles, le rhumatisme
simple, le rhumatisme gouteux, la cachexie, l'affection
scorbutique, les engorgements des glandes du mésentère,
du foye, de la ratte etc. Ces maladies, à mon avis, sont
dues à un air trop humide et chargé de brouillards qui
s'élèvent le matin des sources multipliées qu'on y observe ;
à la trop grande quantité d'arbres qui entourent les
habitations et qui gênent par leurs feuillages la libre
circulation de l'air atmosphérique ; aux maisons basses,
humides et si mal aérées que dans les trois quarts de nos
métairies, on n'y pourroit lire en plein midi sans chandelle ;
au trop grand voisinage des étables à bestiaux ; aux exa-
laisons putrides des fumiers que nos colons placent devant
leurs portes, lesquels sont aisément rapportées par le vent,
jusques dans leurs maisons ; aux mares d'eau stagnante,
qui reçoivent le jus des fumiers ; au trop grand nombre
de personnes couchées dans la même chambre, et dont les
haleines réunies rompent le ressort de l'air et le mephy-
tisent ; à la malpropreté de la plupart de nos paysans,
qui négligent de changer de linge, et qui sont si peu
délicats, qu'ils conservent, dans des bacquets, dans leur
chambre à manger et à coucher, la mangeaille des cochons,
qu'ils préparent avec des légumes et des farineux cuits à
l'eau, à laquelle ils ajoutent du lait. Ce mélange venant
promptement à fermenter, jette une odeur d'aigre insupportable. J'ai plusieurs fois vû manger à la fois, dans la
même chambre, les paysans et leurs cochons.

On a occasion tous les hivers et les printems d'observer
des fièvres catharrales bilieuses et souvent vermineuses,
avec engorgement des poumons. Cette fièvre connue ici
sous le nom de péripneumonie bilieuse, a été épidémique
et très meurtrière dans différentes paroisses de cette
subdélégation les hivers et printems de 1783, 84, et 1785,

notamment dans celles de Cirières, Cerizaye, Courlay, St Jouin de Milly, Chanteloup, Terves et Moutiers. Cette année, elle ne s'est montrée qu'à Cerizay, Montigny et St André sur Saivre.

Les paroisses sises au nord, nord est et nord ouest de Bressuire sont le théâtre à peu près des mêmes maladies. Cependant les fièvres intermittentes y sont moins fréquentes et moins tenaces. On y voit moins d'aphtes scorbutiques, moins d'œdêmes et en général les maladies sont plus inflammatoires, ce qui fait que la saignée y est quelquefois pratiquée et qu'au contraire elle l'est fort rarement dans les autres paroisses.

La nourriture de tous ces habitans est à peu près la même. Leur pain est fait de seigle pure et très salé. Dans quelques endroits ils y mêlent du blé sarrazin, ou blé noir et bien rarement du froment. Ils mangent beaucoup de lait, du beure, du fromage, des fruits cruds et cuits, des légumes et presque jamais de la viande. Cependant les métayers plus aisés mangent du lard. Leur boisson est de l'eau pure ; quelques-uns néanmoins, depuis quelques années boivent du vin, vû l'abondance et le vil prix de cette liqueur. L'eau est en général ici fort agréable à boire et fort limpide, mais dure et froide.

Nos paysans sont assez bien vêtus, quoique grossièrement ; leurs pieds seuls sont nuds. Ils portent des espèces de guestres qui ne descendent que jusqu'à la cheville. Ils ont pour habitude (comme je l'ai observé dans la description topographique de Bressuire), de ne porter ni sabots, ni souliers pendant leur labour même dans le tems des froids les plus vifs, sur la gelée et dans les champs les plus humides. Je ne doute nullement qu'un pareil procédé, en empêchant la transpiration, leur cause des maladies, surtout la colique et la dyarrhée, que j'ai fréquemment eû lieu d'observer, ainsi que des rhumatismes et des érysipèles dangereux aux jambes, qui souvent par le mauvais traitement qu'ils mettent en œuvre, dégénèrent en vliére de la plus opiniâtre espèce. Une autre habitude non moins dangereuse est celle où ils sont de se gorger d'eau froide, lors qu'ils sont échauffés à couper les blés, à les battre, à faucher les prés, et aux autres travaux pénibles de la campagne. Je leur ai souvent conseillé d'y mêler un peu de vin ou de vinaigre, pour en ôter la crudité ; mais ils répondent qu'ils ne peuvent se procurer le premier sans frais, et qu'ils n'estiment pas le goût du second.

Ne pourrait-on pas ajouter aux causes générales d'infection décrites ci-dessus, celles produites,

1° Par la très grande quantité d'arbres qui couvrent nos chemins, qui la pluspart sont si étroits, qu'une charrette et un cavalier ni pourroient passer à la fois, et souvent si profonds (à cause de la négligence qu'on a de ne pas détourner les eaux pluviales qui les minent et les creusent) qu'on voit à peine la clarté. Ces chemins ainsi ombragés sont impraticables pendant huit mois de l'année ; l'eau qui y croupit venant à être pompée par les rayons brûlans du soleil, dans les mois de juin, juillet et d'août, forment des vapeurs nuisibles, que les cadavres des insectes qui y périssent et les feuilles des arbres qui y pourrissent, rendent encore plus délétères et plus contagieuses.

Depuis longtemps on désireroit une ordonnance, qui enjoignit à tout particulier, sinon d'arracher, au moins d'élaguer les arbres, sur les bords des chemins de bourg à bourg. Cette ordonnance produiroit le double avantage de favoriser le commerce, en rendant les chemins plus praticables pour les voitures et plus surs pour les voyageurs, qui à chaque pas, et la nuit surtout, courent risque d'être renversés de cheval par une branche, s'ils n'ont pas une attention continuelle à les écarter, ou d'être froissés au visage. J'ai vû tout récemment arriver un accident par cette cause à une femme qui s'est cassée un bras. — 2° De parer en partie à l'inconvénient de ces mares d'eau croupissante, et de ces bourbiers, d'où les meilleurs chevaux ont peine à se tirer.

2° Par la négligence qu'on souvent les sacri[s]tains des paroisses de ne pas faire les fosses de la profondeur et de la largeur prescrites par les ordonnances. (J'apprends que M. le lieutenant général de police de Poitiers vient de les renouveller dans toute l'étendue de son ressort, et d'enjoindre à MM. les curés et les juges de tenir la main à leur exécution.)

3° Par les cimetières presque tous placés au centre des bourgs. Il y a des cimetières si petits que les fosses les plus anciennes ont à peine 5 ou 6 ans, de façon que les cadavres ne sont pas à moitié consommés. Celui de Noirterre est surtout dans ce cas. Cette paroisse qui contient au delà de 600 communians, a un cimetière qui entoure l'église au sud et à l'est si petit, qu'il contient à peine 40 pieds en carré.

4° Je dois observer ici que la pratique des accouchemens, dans ces environs, est une routine aveugle. Cette fonction. la plus utile et la plus noble de la chirurgie, est confiée à des femmes qui n'ont que l'ignorance et la témérité en partage ; qui, le plus souvent, sans savoir lire et écrire, n'ont fait de l'art des accouchemens, aucune sorte d'étude, et qui ne tiennent le très peu qu'elles savent, que de ce qu'elles ont appris de d'autres femmes aussi ignorantes et aussi imprudentes qu'elles. De là, combien d'inconvénients ! combien d'accidens qu'elles ont grand soin de voiler d'épaisses ténèbres.

La manière dont les malheureuses femmes de la campagne sont gouvernées, pendant et après leur couche, est aussi vicieuse. On leur donne avec profusion du vin, qu'on fait bouillir un instant, avec du pain rôti, on édulcore le tout avec du sucre, souvent on y ajoute de la canelle. Le bouillon est fait avec une poule et du gros lard, qu'on épice avec du poivre et plusieurs cloux de gérofle. On ne

le dégraisse jamais, parce que ces femmes sont persuadées
que la graisse seule nourrit, et que le reste n'est que l'eau
qu'on y a mis. Pour peu que quelques symptômes de
faiblesse surviennent, on leur donne de l'eau de canelle,
l'eau de la reine de Hongrie, ou toute autre eau spiritueuse,
dans de l'eau de fontaine, et le plus souvent toute pure.
On doit delà juger aisément combien un pareil régime est
capable de produire d'accidens graves ; aussi voit-on des
fièvres de lait très-vives, des engorgemens et des dépôts
de lait fréquens au sein et ailleurs, des fièvres puer-
pérales, et des milliaires, quoique plus rarement. Ces
remèdes ou plutôt ces boissons incendiaires, en agaçant et
irritant les nerfs, et en accélérant le mouvement des
liqueurs, les dispose à un état d'inflammation toujours
dangereuse, et excitent des pertes, qui produisent une
vraie faiblesse, qu'elles vouloient combattre.

Il seroit donc de la plus grande importance de n'admettre
à l'exercice d'un état, d'où dépend le salut des mères et
des enfans, que des femmes qui sachent lire et écrire, et
qui après avoir fait les études nécessaires, fussent exa-
minées par des personnes commises pour cela. On éviterait
parlà bien des accidens, dont nous ne pouvons que gémir.
Ce point me paroit surtout digne de toute l'attention du
gouvernement. Je suis d'autant plus autorisé à croire
qu'on aura quelque égard à ma réclamation, qu'elle est
dictée par le seul motif de l'humanité, au secours de
laquelle j'ai consacré mes soins et mes veilles, et que nous
avons le bonheur de vivre sous le meilleur des rois, qu'en
outre il est heureusement secondé par Mgr. l'Intendant,
dont la bienfaisance et les soins paternels sont constamment dirigés vers tous les objets d'utilité publique.

Nous avons à Bressuire deux sages-femmes en titre,
qui ont fait leurs cours d'accouchement à Poitiers. Mais
l'une, âgée de 62 ou 63 ans, est tout à fait sourde, et
l'autre, aussi âgée, est depuis longtemps attaquée d'un

asthme, qui l'a met souvent hors d'état de vaquer aux occupations de son art. La sœur de cette dernière, âgée de 44 ans, exerce l'état, sans avoir eu d'autres leçons que celles que lui a donné sa sœur et sa défunte mère, qui, pendant cinquante ans, a exercé cette profession.

On a cherché ici inutilement, depuis quelques années, des femmes qui voulussent s'aller faire instruire à Poitiers ; mais cet état leur répugnent, et elles refusent d'abandonner leurs ménages. Il seroit, je crois, très avantageux, pour les y déterminer, de leur accorder quelque gratification, ou quelque privilège, d'autant plus que le salaire est rarement proportionné aux peines qu'elles ont, surtout dans les campagnes.

Je joindrai ici quelques détails et quelques réflexions sur l'épidémie qui a affligé pendant les printems de 1784, 85 et 1786 quelques paroisses de cette subdélégation. J'en ai rendu compte dans le temps, à M. Pallu, médecin breveté du Roi et en chef des épidémies du Poitou, à Poitiers.

Cette cruelle maladie, connue sous le nom de fièvre catharrale maligne vermineuse épidémique sans exanthêmes, s'annonce chez la plupart, par des lassitudes spontanées et par une faiblesse extrême dans toutes les parties du corps. Le pouls est petit, faible et quelquefois dur. L'appétit se perd insensiblement, le dégoût survient, la langue se charge d'un limon blanc, ou jaune, ou d'autrefois elle est d'un rouge de feu, et si aride, que le malade a peine à la mouvoir. Malgré cette secheresse de la langue et la chaleur acre de la pe[a]u, les malades refusent souvent de boir[e], quoiqu'ils conviennent d'être tourmentés de la soif, parce qu'ils ont le goût si dépravé, qu'ils trouvent toute espèce de boisson détestable. La maladie augmentant la voix est faible et entrecoupée, l'haleine est brûlante ; les urines, les premiers jours, sont presque naturelles, mais peu à peu elles deviennent crues, se troublent, sans donner de sedement, et sont de couleur de bière.

Il y a parfois une constipation opiniâtre, d'autrefois un flux de ventre bilieux, d'une fétidité insupportable, qui entraîne des vers lombricaux, parti morts et parti vivants. Ceux que les malades rendent par le vomissement sont communément en vie, et sont plus rouges et plus gros que ceux qui sont entraînés par les selles.

Il survient un mal de côté, souvent très vif, quelquefois dès l'invasion, et d'autres fois seulement le 2ᵉ ou le 3ᵉ jour de la maladie, qu'accompagne une toux sèche, ou grasse, à la faveur de la quelle, le malade expectore des crachats bilieux, ou rouillés, sans ou avec des stries d'un sang vif. Ces crachats ne diminuent rien de l'intensité des symptômes ; l'opression au contraire augmente. Un delire obscure ; des soubresaults des tendons, des nauzées et souvent un vomissement spontané d'humeurs bilieuses jaunes, porracées ou noirâtres, jettent le malade dans le découragement, qu'une douleur sourde *circa præcordia*, augmente encore. Le malade a peine à tirer la langue, qui pour lors est agitée d'un petit tremblottement ; les sens externes s'affaiblissent ; le visage devient farouche, les yeux sont caves, fixes et hagards ; les extrémités se refroidissent, le pouls qui est concentré et convulsif, se perd peu à peu, et le malade meurt.

Cette cruelle maladie prend souvent le type d'une peripneumonie ou d'une pleuroperipneumonie, et quelquefois d'une angine, suivant que l'humeur catharrale se dépose sur les poulmons, sur la plèvre ou sur la gorge. Ce dernier symptôme est le pire de tous. J'ai vu un malade dépérir dans l'espace de 22 heures.

M. Gault, âgé de 54 à 55 ans, d'un tempéramment excellent, chirurgien employé dans une épidemie de cette espèce, qui dévasta la paroisse de Nueil sous les Aubiers, pendant l'hiver et le printems de 1784, étoit allé voir un malade attaqué d'une fièvre catharralle maligne, dont l'humeur avoit specialement porté à la gorge. Il voulut examiner l'intérieur de la bouche. Dans le moment, il prend au malade un accès de toux, et il lui envoye une bouffée empoisonnée, que ce malheureux avala. En se rendant chez lui (il étoit quatre heures du soir, le froid étoit très vif, et la terre couverte de neige) il se sentit pris d'un mal de gorge affreux, et d'un froid si violent, qu'on eut bien de la peine à le rechauffer. On m'appela dès le lendemain matin : je ne pus arriver chez lui que vers les onze heures, parce que Nueil est distant de trois lieues de mon domicile. Je le trouvai dans un état d'agonie, les extrémités froides, le pouls petit, déprimé, convulsif et très vif, ne pouvant proferer que des sons inarticulés, les yeux égarés. Je visitai l'intérieur de la bouche et de la gorge : je trouvai que la gangrène s'étoit nonseulement portée au palais, mais que même les gensives, le larinx, les amigdales, la glotte, et l'epiglotte, en etoient également atteints. La langue etoit noire et séche. La déglutition etoit entiérement interceptée. Je lui fis administrer les sacrements, et il mourut à deux heures de l'après midi sans que j'eusse pu lui porter aucun secours.

Voilà la marche de cette maladie qui a fait beaucoup de victimes dans mon voisinage, tel que je l'ai observé (car la petite ville que j'habite jusqu'ici en a toujours été exempte). La terminaison heureuse de la maladie a été généralement au 7, 9, et quelquefois au 14e jour. La terminaison, au contraire, par la mort, étoit plus prompte, puisque les malades passoient rarement le 4e ou le 7e. J'en ai vû cependant perir au 14e et au 17e jour.

Cette fièvre s'est véritablement montrée épidémique et meurtrière dans plusieurs paroisses, puisqu'un individu d'une ferme, une fois pris, tous ou presque tous les autres en étoit bientôt saisis. Les symptômes en etoient absolument les mêmes à quelques légéres nuances près, où ils ne differoient souvent que par le plus ou le moins d'intensité, ou par le siége de la douleur, qui chez les uns se faisoit sentir à l'un des côtés, chez d'autres à la partie antérieure ou postérieure et la poitrine, et chez quelques uns à la gorge. Ce dernier symptôme a heureusement été le plus rare. J'ai vû jusqu'à 80 personnes attaquées à la fois, dans la paroisse de Moutiers.

Cette maladie est constamment et plus répandue et plus meurtrière, lors qu'à un hiver rigoureux et froid succéde un printems sec et froid, et que les vents du nord, nord-est, et est soufflent longtemps. J'ai remarqué qu'une atmosphère douce, humide ou pluvieuse, en diminuoit singulièrement la malignité, et faisoit enfin cesser tout à fait la maladie. Les paroisses qui inclinent davantage vers le nord-est y paroissent aussi plus exposées.

Cette fiévre est du nombre des maladies, ou la médecine expectante doit absolument être rejettée. On doit peu ou rien du tout attendre de la nature livrée à elle-même. Accablée sous le poids de la matière morbifique, ou si l'on veut terrassée par le venin destructeur du miasme epidé: mique, elle use inutilement ses forces à lutter contre un ennemi, qu'elle ne peut vaincre seule. C'est au medecin à diriger ses efforts, ou plutôt à les seconder; mais il ne faut pas attendre qu'elle se soit vainement épuisée pendant 2 ou 3 jours, parceque dans ces cruelles circonstances, les remèdes actifs loin de l'aider, precipitent le plus souvent sa perte. J'ai le plus souvent observé qu'à cette epoque, il n'y avoit plus rien à faire. Tout depend du premier jour ou du second, et on a rarement le bonheur de guerir un malade attaqué vigoureusement, lorsque l'on n'est appellé que le troisiéme ou le quatrième. L'indication à remplir se presente d'elle-même; l'etat de la langue, les nausées, ou même le vomissement bilieux porracé, et la mauvaise odeur de la bouche, montrent evidemment la nécessité de l'émé-tique. Le mal de côté ou de poitrine et les crachats teints de sang ne doivent pas le faire rejetter, parceque je puis assurer, *experientiâ duce*, que ces symptômes s'appaisent d'eux-mêmes, après le vomissement, et que même les efforts que fait le malade pour vomir, loin de les aggraver, les diminuent au contraire. Le pouls souvent d'une petitesse à effrayer, se relève peu à peu, et prend plus de consistance. Voici donc le plan curatif que j'ai adopté et qui m'a le mieux réussi, lorsque j'ai été appellé à tems : Je prescris, dès l'invasion, deux grains de tartre stibié fondu, dans la décoction d'un gros de crème de tartre en poudre, donné à doses facturées, jusqu'à ce qu'il ait produit un effet suffisant, dans la vue de débarrasser l'estomach et les viscères de la saburre muqueuse et bilieuse, dont ils sont imprégnés, laquelle par son reflux sur la poitrine et dans le torrent de la circulation, y produit les symptômes, que j'ai détaillé ci-dessus. Cet emetico-cathartique remplit admirablement bien la double indication de vider l'estomach et les intestins, et d'exciter des secousses propres à debarrasser les autres viscères des humeurs nuisibles, dont ils sont engoués, en les divisant, les attenuant et leur donnant par là plus de fluidité. Ce reméde en outre favorise puissamment la sortie des vers, contre lesquels j'ai remarqué qu'il y a beaucoup d'action. Je préfère le tartre emetique à l'hyppecacuana, 1° parceque le premier a un degré d'activité plus facile à apprécier, 2° parcequ'il est plus susceptible d'être divisé à l'infini, 3° parceque uni à la crème de tartre, qui lui sert de correctif, il pousse plus surement par les selles, 4° enfin parcequ'il est plus éprouvé contre les vers, qui accompagnent souvent cette maladie. L'emetique dont je me sers est préparé par M<sup>rs</sup> Cadet et de Rosne, rue St-Honoré.

Le soir même, je fais prendre au malade une dose de Lemithocorton, ou coraline de Corse uni au semen contra. Le lendemain je prescris un purgatif préparé avec 30 ou 36 grains de jalap en poudre, avec autant de crème de tartre. On en aide l'action par une abondante boisson de petit lait fait au vinaigre, ou à la crème de tartre, ou par la décoction de pruneaux noirs. Je fais donner, après les purgatifs, un looche préparé avec 4 grains de Kermès minéral, 1 once ou 1 once 1/2 d'oximel scillitique et autant de syrop de lierre terrestre, dans 4 ou 5 onces d'eau, ou de décoction de bourache. On en donne une cuillerée d'heure en heure ou de 2 heures en 2 heures. Ce remède divise et atténue l'humeur, favorise la transpiration, et le surplus souvent tient le ventre libre. Je l'ai vu même produire une dyarrhée très salutaire. Les lavemens simples ou mueslés, acidulés avec le vinaigre, etoient continués pendant tout le cours de la maladie, ainsi que les purgatifs qui etoient repetés de 2 ou de 3 jours l'un. J'appliquois le second ou le troisième jour, l'emplatre vesicatoire sur le lieu de la douleur, et j'en entretenois longtems la suppuration. La boisson ordinaire consistoit, ou dans la décoction de quelques pruneaux aigres, ou dans une légère infusion de fleurs de sureau avec le miel, acidulé avec l'esprit de vitriol ou l'esprit de souffre *ad gratam aciditatem.* Dans la grande foiblesse, je permettois un peu de petit vin, noyé dans beaucoup d'eau. J'ai même souvent, dans ce cas permis du vin pur, sans avoir jamais observé qu'il augmentât le feu de la fièvre ; au contraire il m'a paru être le meilleur cordial et le meilleur stomachique que nous eussions, et devoir toujours être préféré à toutes nos fameuses compositions cordiales, surtout chez le peuple de ce pays qui n'en boit que rarement.

Le régime végétal m'a paru mériter la préférence sur les bouillons. Les soupes legères de pain blanc, les crèmes de ris et d'orge acidulées avec l'ozeille, et les pruneaux formoient toute la nourriture des malades. Les bouillons de viande etoient reservés pour les convalescens.

Pour calmer les mouvemens nerveux, j'employois souvent les bols de nitre et de camphre, dissous avec quelques gouttes d'huile d'amandes douces, ou d'olive, répétés plusieurs fois le jour, et d'autres fois la liqueur minérale anodine d'Hofman, dans une infusion de mente, de thieul ou de fleurs de camomille. Je me suis aussi servi avec succès de l'elexir fébrifuge d'Haxham surtout dans le déclin de la maladie. Cet elexir est, comme on le sait, préparé avec le kinkina, l'écorce de citron, la racine de serpentaire, le safran, la cochenille et l'esprit de vin. On le donne à la dose d'un ou deux gros, ou même d'une demie once, acidulé avec quelques gouttes d'elexir de vitriol, étendu dans un véhicule convenable. Cet elexir est un excellent tonique fébrifuge, anticeptique et diaphorétique.

Lorsque l'humeur porte à la gorge, je prescris les gargarismes toniques, detersifs, préparés avec une infusion de fleurs de roses de Provins, les fleurs de camomille, les feuilles de chèvre-feuille, dans une décoction de racine d'aigremoine, acidulé avec le vinaigre ou l'elexir de vitriol. On edulcore le tout avec du miel. J'y fais aussi quelquefois entrer le kinkina, ainsi que les plantes antiscorbutiques. Je fais appliquer autour du col, en forme de collier, l'emplâtre vesicatoire. Si le malade peut encore avaler, je lui conseille une petite dose de tartre emetique uni à la crème de tartre. Le reste du traitement, à l'ordinaire. Par ces remèdes, j'ai plusieurs fois eu la consolation de sauver des malades qui paraissoient désespérés. J'en citerai, entre plusieurs, un exemple frappant.

Une femme de la paroisse de Moutiers, âgée de 70 à 72 ans, étoit prise très violemment de la maladie epidémique au printems de 1785. La fièvre etoit très vive. Le mal de gorge se déclare dès le soir de l'invasion avec une telle violence que la malade ne pouvoit respirer, qu'avec un râle effrayant. La déglutition etoit presque entièrement interceptée. Le pouls etoit petit, très vif et convulsif; la langue enduite d'un limon jaune et très épais. Cette malheureuse etoit dans une agitation horrible. Elle se plaignoit de nausées continuelles. Je lui fis mettre les pieds dans l'eau tiéde, et lui fis avaler avec bien de la peine un grain d'emetique, dans une cuillerée d'eau, accidulée avec la crême de tartre. Ce reméde produisit un vomissement abondant d'humeurs jaunes, fétides et gluantes, avec deux vers rouges vivants. Elle rendit aussi par les selles, beaucoup d'humeurs de même nature. On lui mit sur le champ le vesicatoire en forme de collier. Je prescrivis des lavemens que j'aiguisai avec le savon, pour former un point d'irritation dans les grands intestins, dans la vue d'y appeller l'humeur, qui se portoit à la gorge. Je revis cette femme le lendemain, après midi, et je fus agreablement surpris de trouver son pouls plus developpé; la respiration et la déglutition etoient plus libres. Par le traitement ordinaire, la fièvre ceda le onziéme jour et elle entra dans une heureuse convalescence.

J'ai peu observé d'évacuations vraiment critiques, dans cette fiévre catharrale maligne epidemique, les urines ont rarement donné un sediment louable. Les sueurs qui souvent ont été abondantes, ont été plutôt symptômatiques que critiques. Les crachats, quoique parfois très copieux, paroisssoient plutôt fatiguer les malades que leur procurer un vrai soulagement. La crise la plus favorable a été le devoyement, ou spontané, ou le plus souvent excité par l'art. J'ai cependant été témoin de quelques guerisons dues à des sueurs critiques très copieuses. J'ai vu aussi des exemples de guerisons procurées par des dépôts sur differentes parties du corps et particulierement aux jambes; Beaucoup de convalescens les ont eu pendant très longtems enflées. On observoit chez d'autres une leucophlegmatie, ou bouffissure universelle, qui cedoit aux amers toniques, aux aperitifs, aux martiaux, et enfin au vin emulé. J'en ai vu perir un d'une hydropisie ascite. Il est vrai qu'il se refusa à tous les remèdes, et qu'il ne consentit à en prendre que lorsqu'il ne fut plus tems.

On sera sans doute surpris que, dans le traitement de cette maladie, je n'ai pas dit un mot de la saignée. Je vais en dire les raisons. J'ai trouvé chez tous ces malades le pouls petit, concentré, miserable, un abattement et une perte totale des forces tant vitales que musculaires. Tous ces malheureux (car c'est le peuple seul que ce cruel fleau attaque) ont le sang appauvri par la mauvaise nourriture qu'ils prennent, par l'excès du travail, qui leur cause une trop grande dissipation de l'humeur perspirale, par le sentiment de la misère dans laquelle il sont plongés. Ce sont eux seuls qui habitent des maisons basses, humides et mal aërées ; ce sont eux seuls que la malpropreté, compagne assidue de l'indigence, le défaut de linge et de vêtements, et les travaux pénibles de la campagne, exposent plus specialement à l'influence et l'intemperie des saisons.

Ces raisons, et plus encore l'experience, ce flambeau qui eclaire et guide bien plus surement un medecin attentif, dans le sentier tortueux et difficile de la pratique, que tous les savans raisonnemens et les systèmes ingénieux, qu'on forme dans le cabinet, systèmes plus attrayans que solides, et dont on n'apperçoit bien le faux qu'au lit des malades, l'experience, dis-je, m'a fait totalement proscrire la saignée dans le traitement de la maladie dont il s'agit.

J'ai vu saigner des personnes d'une constitution forte et vigoureuse, et j'ai été frappé de l'état de faiblesse et d'abattement, dans lesquels ils tomboient, après cette operation. Le sang qu'on leur tiroit etoit dissous et billieux, et n'avoit rien d'inflammatoire. Je me rapelle toujours qu'une jeune femme d'un fort temperamment, attaquée de la fièvre catharalle maligne, pendant l'epidemie des Moutiers, fut saignée du bras, le second jour de l'invasion (le chirurgieu qui la voyoit, s'étoit trompé sur l'espèce de la maladie, qu'il prit à cause du point de côté et des crachats rouillés et sanguinolens, pour une pleuresie). Cette femme perit presque sous la lancette, à la seconde saignée, qu'il decida devoir faire, parceque les symptômes, qu'il combattoit, n'avoient pas cédé à la première.

Outre cela la grande quantité de sources et de ruisseaux dont nos campagnes sont arrosées, les brouillards fréquents qui s'en elevent, la nourriture végétale et relachante de nos colons, et l'eau pure qui fait toute leur boisson, tiennent leurs fibres dans un etat d'atonie continuelle, et leur sang pèche bien plutôt, comme je l'ai observé plus haut, par abondance de serosité, que par excès des parties rouges. Cela me fait croire que la saignée peut être pratiquée avec succès chez les habitants des plaines qui respirent un air plus sec, plus elastique, qui se nourissent de pain de froment, mangent beaucoup d'ail, et boivent du vin. Ces sortes de gens ont la fibre plus forte et le sang plus riche ; mais je puis affirmer qu'il en est toute autre chose de nos habitants du Boccage et que la saignée leur est généralement nuisible.

Les filles dans ce pays sont très sujettes aux pâles couleurs, et sont rarement reglées, avant l'âge de 18, 19 et 20 ans. Elles sont fort souvent attaquées de fleurs blanches et d'edemes aux pieds et aux jambes. Beaucoup d'enfans sont rateleux, et portent des engorgemens aux glandes des aines et du col. Cette espèce d'endurcissement des glandes passe souvent de lui-même, lorsqu'ils croissent et parviennent à l'âge de puberté. On a aussi frequemment à traiter des affections cutanées.

Quant aux maladies epizootiques, on en voit heureusement peu dans ce pays. Cependant il regna l'été dernier une maladie qui a fait perir dans le bourg de Cerizay 60 ou 80 chevaux. Le nommé Guesdon, poissonnier aubergiste, en a perdu onze pour sa part. Nos hyppiatres la designent sous le nom de grose gale. On croit qu'elle y a été apportée par quelques chevaux étrangers, qui l'auront communiquée. Peut être aussi que la secheresse des paccages, le défaut de bonne nourriture, et le travail excessif de ces animaux, joints à l'ignorance de nos marechaux, qu'une routine aveugle conduit, avoient aggravé le mal. Une maladie analogue fit aussi perir chez M$^{me}$ la Comtesse de Lescure 25 ou 30 chevaux. Je ne puis décrire cette epizootie, parceque je n'en ai été informé, que lorsqu'elle a été entièrement eteinte.

A Bressuire (Bas-Poitou), le 8 juillet 1786.

Signé :

BERTHELOT, D.-M. Montp$^r$.

Commissionné pour les epidemies.

*Archives du département des Deux-Sèvres, série C, 9.*

170

www.ingramcontent.com/pod-product-compliance
Lightning Source LLC
Chambersburg PA
CBHW071432030726
47594CB00006B/2693

... ral d'Agriculture de la Côte-d'Or.

# CONCOURS INTERNATIONAL

## ...LLONS ET DE BIÈRES

DIJON. — OCTOBRE 1866.

### ...UE ET LISTE DES RÉCOMPENSES

PRIX : 75 CENT...

# COMITÉ CENTRAL D'AGRICULTURE DE LA COTE-D'OR.

## CONCOURS INTERNATIONAL

DE

# HOUBLONS ET DE BIÈRES

## DIJON. — OCTOBRE 1866.

# CONCOURS INTERNATIONAL

# DE HOUBLONS ET DE BIÈRES.

### DIJON. — OCTOBRE 1866.

Chaque année, en dehors des Concours agricoles organisés dans plusieurs cantons de l'arrondissement par le Comité central de Dijon, cette Société prépare au chef-lieu du département une exposition sur un sujet spécial choisi parmi ceux qui intéressent plus particulièrement l'agriculture du département de la Côte-d'Or.

Après le Concours des charrues à vignes est venu un Concours de moissonneuses; cette série s'est trouvée interrompue par le Concours régional et par le Concours des cantons de Dijon qui a coïncidé avec la session du Congrès pomologique. Toutefois, pendant ce dernier Concours, l'exhibition d'une locomotive pouvant servir à la traction sur les routes ordinaires a témoigné du désir constant du Comité de ne négliger aucune occasion pour appeler au secours de l'industrie agricole du département toutes les forces mises à sa disposition par suite des applications les plus récentes.

En 1866, pour répondre au vœu exprimé par plusieurs planteurs de houblon, le Comité a décidé qu'il y aurait à Dijon, au mois d'octobre, un Concours international de houblon.

Cette culture a pris dans ces derniers temps beaucoup d'extension dans le département de la Côte-d'Or et il nous a semblé que le moment était venu de faire connaître au dehors la nature et les qualités de ce produit dont la culture était presque inconnue parmi nous, il y a une vingtaine d'années.

Un tel Concours devait nécessairement être complété par l'adjonction de tout se qui se rattache à ce produit, sa culture et son emploi ; aussi avons-nous été naturellement conduit à y comprendre la bière, les instruments employés dans la culture du houblon et les machines ou appareils servant à la fabrication de la bière.

L'époque de l'ouverture de cette exposition a été fixée au mercredi 10 octobre. La manière dont les producteurs français et étrangers ont répondu à l'appel de notre Comité nous fait espérer qu'il remplira parfaitement le but que nous nous sommes proposé.

Nous diviserons ce compte rendu des opérations de l'exposition de 1866 en trois parties : dans la première nous donnerons les documents publiés avant l'exposition et adressés aux exposants ainsi que le catalogue complet des objets exposés ; dans la seconde nous ferons connaître les appréciations des jurys et leurs résultats ; elle comprendra par conséquent la liste des récompenses accordées à la suite de l'exposition ; enfin dans une troisième partie, nous chercherons à indiquer quelles doivent être, pour notre département, les conséquences de cette exposition, et quelles indications il nous paraît utile de présenter à nos planteurs dans l'intérêt de leur industrie, et afin d'en assurer le développement régulier.

---

## PROGRAMME DU CONCOURS.

---

### Dispositions générales.

Une exposition de houblons, de bières et de tous les objets se rattachant à la culture du houblon et à la fabrication de la bière aura lieu à Dijon, dans les salles et les cours de l'hôtel de ville, du mercredi 10 au lundi 15 octobre 1866.

Les producteurs, les brasseurs et les fabricants d'instruments de la France et de l'étranger sont admis à y prendre part.

Les demandes d'admission doivent être adressées avant le 15 septembre, à M. Ladrey, secrétaire du Comité, à Dijon.

Les envois devront être arrivés au plus tard le 8 octobre. Ils seront adressés à *M. le Président du Comité, palais des archives, à Dijon*. Les frais d'expédition, envoi et retour, sont à la charge des exposants. Aucune rétribution n'est demandée pour le placement et la surveillance des produits pendant l'exposition.

Les opérations du jury chargé de l'examen des objets exposés commenceront le jeudi 11 octobre et se continueront les jours suivants.

La distribution des récompenses accordées aux exposants aura lieu le dimanche 14, et l'exposition sera close le lendemain lundi à 4 heures du soir.

A partir du mardi 16, les objets ayant figuré à l'exposition seront réexpédiés dans la forme indiquée par les exposants.

Un compte rendu détaillé de toutes les opérations du concours sera immédiatement publié.

### Division des Objets exposés et Conditions imposées aux Exposants.

L'exposition comprendra :

1° Les houblons.

La quantité de chaque échantillon sera au moins de 500 grammes.

Chaque échantillon devra être accompagné d'un certificat d'origine attesté par les autorités locales.

2° Les bières.

Les bières pourront être envoyées soit en fût, soit en bouteilles.

La quantité à envoyer est laissée à la discrétion de l'exposant.

Les envois seront accompagnés d'un certificat délivré par les autorités locales et attestant que l'exposant est bien fabricant des produits expédiés.

3° Les instruments employés pour la culture du houblon, sa récolte. sa conservation et son expédition, ainsi que les appareils servant à apprécier sa valeur ;

Les exposants sont priés d'indiquer dans leur demande l'espace nécessaire pour le placement de ces objets.

Dans le cas où les objets eux-mêmes ne pourraient pas être envoyés, on recevra des modèles, des dessins et des descriptions de ces différents instruments.

4°. Les appareils employés pour la fabrication et la conservation de toutes les espèces de bière, ainsi que les produits accessoires utilisés dans cette fabrication ;

Mêmes observations que précédemment pour l'indication de l'espace et l'envoi des modèles, dessins et descriptions.

5° Enfin, les livres, brochures, mémoires manuscrits ou imprimés sur tous les sujets se rattachant au houblon et à la bière.

En dehors de ces ouvrages spéciaux les exposants pourront accompagner l'envoi de leurs produits d'une note faisant connaître l'importance de leur culture ou de leur fabrication, les perfectionnements qu'ils ont pu y introduire, etc.

Les exposants qui n'accompagneront pas leurs produits sont priés de faire connaître la marche à suivre pour la réexpédition.

Dijon, le 20 août 1866.

---

## Lettre d'admission envoyée aux exposants.

Vers le 20 septembre, tous les exposants admis à concourir ont reçu la lettre suivante :

Monsieur,

J'ai l'honneur de vous informer que, conformément à la demande que vous avez faite, vous êtes admis à exposer au prochain Concours international de Houblons et de Bières, organisé à Dijon par les soins du Comité central d'agriculture de la Côte-d'Or.

Pour l'envoi de vos produits, vous êtes prié de vous conformer aux dispositions du programme dont un exemplaire vous a été adressé.

Vous aurez soin de me faire parvenir par la poste une déclaration où, en m'annonçant votre envoi, vous donnerez très lisiblement votre nom, votre qualité, votre adresse et l'énumération des objets que vous destinez au Concours. Vous pourrez y ajouter les détails que vous jugerez nécessaires sur l'importance de votre production ou de votre fabrication, les récompenses que vous avez déjà obtenues, etc.

Ces renseignements devant servir à établir le catalogue de l'exposition, il importe qu'ils soient exacts, complets et envoyés avant le 4 octobre.

En réponse à plusieurs observations qui m'ont été faites au sujet du poids des échantillons de houblon, je dois vous prévenir que le chiffre fixé par le programme est un poids minimum et que vous êtes prié d'envoyer un poids plus élevé, si cela vous est possible.

Agréez, Monsieur, l'assurance de ma considération la plus distinguée.

*Le Secrétaire du Comité,*

C. LADREY.

Dijon, 15 septembre 1866.


Après l'époque fixée pour les inscriptions, nous avons pu dresser la liste des différentes demandes, et en présence du résultat obtenu, le Comité a cru devoir donner plus de développement à l'exécution de la pensée qui avait inspiré son exposition de 1866.

En conséquence, il a été décidé que la durée du Concours serait augmentée, et une nouvelle circulaire a été adressée à tous les exposants et communiquée aux autres paries intéressées par la voie des journaux.

Quoique cette circulaire renferme plusieurs dispositions précédemment publiées, nous croyons cependant qu'il est bon de les reproduire intégralement.


Le délai fixé pour les demandes d'admission à l'Exposition internationale de houblons et de bières organisée à Dijon étant expiré, nous pouvons dès maintenant donner le relevé des inscriptions prises dans chacune des sections indiquées par le programme.

Ces inscriptions sont au nombre de 272, dont quelques-unes comprennent plusieurs numéros et qui se divisent ainsi :

Houblons. . . . . . . . . . . . . . . . . . 128
Bières . . . . . . . . . . . . . . . . . . . . 70
Instruments et appareils employés pour la culture, la conservation, l'expédition et l'appréciation du houblon . . . . . . . . . . . . . . . . . . 22
Appareils servant à la fabrication et à la conservation de la bière, et produits accessoires utilisés dans cette fabrication . . . . . . . . . . . . . . 40
Livres, brochures et mémoires sur les sujets se rattachant au houblon et à la bière . . . . . . . . . 12

Si nous cherchons quelle est, dans ces différentes déclarations, la part de chaque nation, nous les trouvons réparties de la manière suivante :

| | |
|---|---:|
| France . . . . . . . . . . | 152 |
| Angleterre . . . . . . . . | 53 |
| Autriche . . . . . . . . | 9 |
| Bade (Grand duché de) . . | 3 |
| Bavière . . . . . . . . | 9 |
| Belgique . . . . . . . . | 25 |
| Hollande . . . . . . . . | 3 |
| Italie . . . . . . . . | 3 |
| Prusse . . . . . . . . | 8 |
| Saxe . . . . . . . . | 1 |
| Suisse . . . . . . . . | 2 |
| Wurtemberg . . . . . . | 4 |
| Total. . . | 272 |

En présence de cet important résultat, le Comité central d'agriculture de la Côte-d'Or, désirant faciliter à toutes les personnes intéressées la visite et l'examen des produits et des appareils réunis pour ce concours international, a pensé qu'il convenait de modifier les premières dispositions du programme, quant à la durée de l'Exposition.

Par suite de cette détermination, les différentes opérations de l'Exposition demeurent réglées ainsi qu'il suit :

Les objets destinés à l'Exposition devront être arrivés à

Dijon, au plus tard, le 8 octobre. Ils seront adressés *à
M. le Président du Comité central, palais des Archives, à
Dijon.*

Nous rappelons, en outre, à MM. les Exposants qu'ils ont
été instamment priés d'adresser avant le 4, à M. le Secrétaire du Comité, les renseignements nécessaires pour la ré-
daction d'un catalogue de tous les objets exposés. Cette
précaution est très importante ; elle aura pour résultat de
permettre qu'un Catalogue détaillé et raisonné soit imprimé
et distribué au moment de l'ouverture de l'Exposition.

L'Exposition sera ouverte le mercredi 10 octobre ; elle
aura lieu dans les salles de l'Hôtel de ville, mises généreu-
sement à la disposition du Comité par M. le maire de
Dijon.

La Société d'horticulture de la Côte-d'Or a bien voulu se
charger de l'ornementation et de la décoration des salles

Les opérations du jury chargé de l'examen des objets
exposés commenceront le jeudi 11 octobre, à neuf heures.
du matin, et elles seront continuées les jours suivants.

L'Exposition restera ouverte au public depuis le mercredi 10 octobre jusqu'au lundi 5 novembre. Un règle-
ment affiché à l'intérieur des salles fera connaître, pour
chaque jour, les heures d'ouverture et de fermeture,
ainsi que les diverses dispositions nécessitées soit par me-
sure d'ordre, soit pour faciliter les travaux du jury.

Une affiche spéciale, dont le contenu sera notifié à tous
les exposants, fixera le jour de la distribution des récompenses et le local où aura lieu cette cérémonie. Elle sera
présidée par M. le Préfet de la Côte-d'Or, président d'honneur du Comité central.

Sa Majesté a daigné faire adresser au Comité, par l'inter-
médiaire de S. E. le maréchal Vaillant, une médaille d'or
qui sera décernée comme *Prix de l'Empereur.*

S. E. le Ministre de l'agriculture, du commerce et des
travaux publics, a également offert au Comité, pour ce
concours, une médaille d'or et deux médailles d'argent.

Le Conseil municipal a voté les fonds nécessaires pour
faire frapper une médaille d'or qui sera donnée comme
*Prix de la Ville de Dijon.*

Outre ces récompenses, le Comité central mettra à la
disposition du jury toutes les médailles que celui-ci attri-

buera, suivant leurs mérites, aux produits et appareils soumis à son examen.

Le Comité central d'agriculture, persuadé de l'importance des fonctions confiées au jury, et jaloux d'obtenir de l'Exposition de 1866 tous les bons effets qu'on est en droit d'en attendre, a fait appel, pour composer le jury, au dévouement et au zèle des personnes les plus compétentes de la France et des autres pays représentés à cette Exposition.

Dijon, le 25 septembre 1866.

*Le Secrétaire du Comité,*

**C. LADREY.**

Cette pièce termine la série des documents publiés avant l'exposition. Nous parlerons dans la seconde partie de ce compte-rendu des nombreux encouragements donnés au Comité pour l'aider dans l'organisation de cette exposition, et de l'accueil empressé qui a été fait par la presse française et étrangère aux différentes communications destinées à en préparer l'exécution.

# CATALOGUE

## DES OBJETS ET PRODUITS

ENVOYÉS A L'EXPOSITION INTERNATIONALE

## DE HOUBLONS ET DE BIÈRES DE DIJON.

———✦———

### PREMIÈRE SECTION.

## LES HOUBLONS.

—

### FRANCE

—

#### BAS-RHIN.

**Beckenhaupt**, à Bischwiller.

1. — Houblon.

Veuve **Blanchot**, à Molsheim.

2. — Houblon.

**Canet** (Gustave), à Molsheim.

3. — Houblon.

Etendue de la culture, 1 hectare 50 ares. — La récolte de 1865 a été vendue à raison de 227 fr. les 50 kil.
Certificat du maire.

**Gottsmann** et **Robert**, à Bischwiller.

4. — Houblon.

**Hüffel** (Ignace), à Haguenau.

5. — Houblon.

Deux échantillons, houblons du pays. Les plantations remontent à 1832; importance actuelle, 21,000 pieds.
Certificat du maire.

**Langlois,** au Neuhoff, près Strasbourg.

6. — Houblon.

**Petitbeau** (Emma), à Neuwiller.

7. — Houblon.

**Scharrer** et fils, rue de la Nuée-Bleue, 6, à Strasbourg.

8. — Houblon.

**Weill** jeune et C$^{ie}$, à Haguenau.

9. — Houblon.

**Wittersheim**, brasseur à Barr.

10. — Houblon.

Etendue de culture, 1 hectare.
Certificat du maire.

### COTE-D'OR.

Veuve **Aubriot**, à Beire-le-Châtel.

11. — Houblon.

Houblon hâtif. — Etendue cultivée, 1 hectare.
Certificat du maire.

**Batault** fils et **Micaut**, brasseur à Nolay.

12. — Houblon.

L'échantillon exposé pèse 1 kil., il est le produit d'une seule perche. La cueillette a eu lieu le 29 septembre.
Certificat du maire.

**Bertrand** (Jean-Baptiste), à Pouilly, près Seurre.

13. — Houblon.

Deux variétés, houblon hâtif et houblon tardif.
Certificat du maire.

**Bèze** (réunion des planteurs de).

### 14. — Houblon.

Trois échantillons : Houblon tardif de 1865, récolté par M. Simonnot (Jean-Baptiste) ; houblon hâtif récolté par MM. Fournier, Nozeret et Simonnot ; houblon tardif récolté par MM. Bourdot, Clausse, Cullard, Fournier, Gauthier, Nozeret, Petitjean et Simonnot.

Les plantations à Bèze remontent à 20 ans. Elles n'ont pris de développement que depuis 1861. Il y a en ce moment sur la commune 1 hectare 80 ares de houblonnières, auxquels il faut ajouter un hectare planté cette année.

La récolte moyenne est de 11 kilog. par are.

Certificat du maire.

**Bony**, à Nuits.

### 15. — Houblon.

Trois échantillons : houblon hâtif, houblon tardif, houblon de Schwetzingen.

Certificat du maire.

**Bornier** (Paul), à Arceau.

### 16. — Houblon.

Etendue de la culture : 1 hectare 15 ares.

Certificat du maire.

**Castille**, à Gemeaux.

### 17. — Houblon.

**Chabeuf**, à Lux.

### 18. — Houblon.

Deux échantillons : houblon d'Heidelberg précoce desséché sur châssis ; houblon Spalt tardif desséché sur la tournille.

Etendue cultivée : 1 hectare 20 ares, plantation remontant à 23 ans.

Certificat du maire.

**Delacre** (Pierre), à Beire-le-Châtel.

### 19. — Houblon.

**Fautrey**, instituteur à Toutry.

### 20. — Houblon.

Deux tiges de houblon garnies.

## Gautheret (Claude), à Lux.

**21. — Houblon.**

Trois échantillons : houblon Spalt tardif desséché sur châssis; houblon Spalt tardif desséché sur la tournille; houblon précoce desséché sur châssis.

Etendue de culture : 3 hectares 31 ares. Les premières plantations de l'exposant remontent à 23 ans.

Certificat du maire.

## Girodet, à Is-sur-Tille.

**22. — Houblon.**

## Grapin, à Messigny.

**23. — Houblon.**

Etendue de la culture : 68 ares. La première plantation remonte à 5 ans.

Certificat du maire.

## Groffier, à Bonnencontre.

**24. — Houblon.**

Etendue cultivée : 5 hectares 30 ares; 28,450 pieds. Quatre variétés : houblon récolté sur perches; le même récolté sur fil de fer; houblon Saaz hâtif; houblon Saaz tardif. Ces échantillons proviennent des plantations faites en 1865 avec des plants tirés directement de Bohême.

## Guenon (Claude), à Beire-le-Châtèl.

**25. — Houblon.**

Variété : houblon tardif.

## Guenot (Claude), à Beire-le-Châtel.

**26. — Houblon.**

## Guillemin, à Ruffey-les-Echirey.

**27. — Houblon.**

Deux échantillons : houblon tardif, houblon précoce, élevés sur fils de fer.

Certificat du maire.

## Hugon (Sylvestre), à Til-Châtel.

**28. — Houblon.**

Deux variétés : houblon hâtif, houblon tardif.

**Joignault** (Charles), à Seurre.

29. — Houblon.

Etendue cultivée : 2 hectares 50 ares.

**Jourdeuil**, à Beire-le-Châtel.

30. — Houblon.

Etendue cultivée : 8 hectares.
Trois échantillons : houblon précoce replant de Schwetzingen, terrain calcaire ferrugineux ; houblon tardif, variété à sarments rouges de Franconie, terrain calcaire sablonneux ; houblon tardif, variété à sarments bleus de Franconie, terrain calcaire sablonneux.
Tiges de houblon précoce séchées sur la perche.
Certificat du maire.

**Koch**, à Dijon.

31 — Houblon.

**Lenoir** (Jules), à Beire-le-Châtel.

32. — Houblon.

Etendue de culture : 5 hectares, dont deux hectares ont été plantés en 1834.

**Manière** (Claude), à Lux.

33. — Houblon.

Plantation remontant à 25 ans. Etendue cultivée : 80 ares.
Certificat du maire.

**Mercier**, à Seurre.

34. — Houblon.

**Michaud**, à Orville.

35. — Houblon.

Etendue cultivée : 2 hectares, récolte moyenne annuelle 3,500 à 4,000 kilogr.
Trois variétés : houblon hâtif, houblon tardif, houblon de Saaz.
Certificat du maire.

**Mollerat et Bertrand**, à Labergement-les-Seurre.

36. — Houblon.

Deux variétés : houblon hâtif, houblon tardif.

Etendue cultivée : 4 hectares d'un seul pourpris. Plantations remontant à 1854. Ce sont les premières faites dans le canton de Seurre.

Produit moyen : 1,200 kil. à l'hectare pour le houblon tardif, et 800 kil. pour le hâtif.

Prix moyen des ventes depuis 1853 : 3 fr. 45 le kil. pour le hâtif, et 2 fr. 90 pour le tardif.

Certificat du maire.

## **Montoiret** (Bénigne), à Saint-Julien.

### 37. — Houblon.

Houblon tardif.
Surface cultivée depuis 1855 : 22 ares. — Production moyenne : 250 kilogr. de houblon depuis la troisième récolte.
Certificat du **maire**.

## **Moucelot**, brasseur à Montbard.

### 38. — Houblon.

## **Perrey-Ladey**, à Mirebeau-s.-Bèze.

### 39. — Houblon.

Deux variétés : houblon hâtif, houblon tardif.
Certificat du maire.

## **Pétot**, à Villey-sur-Tille.

### 40. — Houblon.

Deux variétés : l'une venant de plantations qui remontent à 1861, l'autre d'une plantation faite en avril 1866.
Certificat du maire.

## **Quantin** (Emile), à Véronnes-les-Grandes.

### 41. Houblon.

## **Robelin**, port du Canal, 10, à Dijon.

### 42. — Houblon.

Plantation à Varennes, près Beaune.
Étendue de la plantation : 3 hectares 10 arcs. Cette plantation a été faite en 1865. Le produit moyen a été de 500 gr. par perche.

## **Rochat**, à Beire-le-Châtel.

### 43. — Houblon.

Deux variétés : houblon hâtif, houblon tardif.
Certificat du maire.

**Rohaut-Bouchu**, à Is-sur-Tille.

**44. — Houblon.**

Etendue cultivée : 45 ares.
Certificat du maire.

**Roland** (Alexis), 26, rue Charrue, à Dijon.

**45. — Houblon.**

Etendue de la culture : 1 hectare à Lux, canton d'Is-sur-Tille.
Plantations remontant à six ans.
Certificat du maire.

**Rolland,** à Chivres.

**45 *bis*. — Houblon.**

Trois échantillons : 1$^{re}$, 2$^e$ et 3$^e$ récoltes.

**Rousselet** (Jean), à Ruffey-les-Echirey.

**46. — Houblon.**

**Roy** (François), à Beire-le-Châtel.

**47. — Houblon.**

Variété : houblon tardif.

**M. de Saint-Seine** (le vicomte Raoul), à La-marche-sur-Saône.

**47 *bis*. — Houblon.**

Houblon non choisi de première année.

**Sauvain**, à Bessey-les-Cîteaux (Côte-d'Or).

**48. — Houblon.**

**Tabourot** (Denis), à Saint-Julien.

**49. — Houblon.**

Houblon tardif.
Houblonnière de 1 hectare dont la plantation remonte à 1863.
Certificat du maire.

**Verneau**, à Pouilly-sur-Saône.

**50. Houblon.**

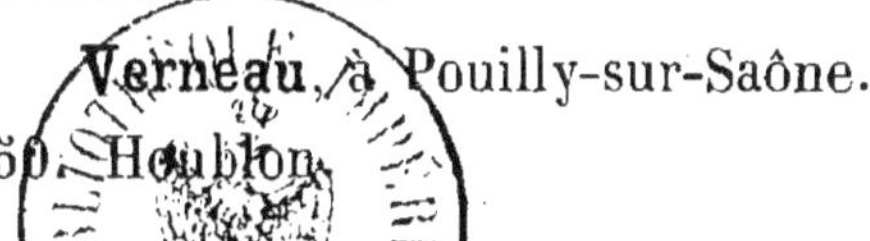

**Voiret** (Mammés), à Foüchanges , commune d'Arceau.

## 51. — Houblon.

Plantation remontant à 1843. Etendue, 50 ares.
Certificat du maire.

### DOUBS.

**Fœszler,** brasseur, à Besançon.

## 52. — Houblon.

Deux variétés : houblon provenant de replants tirés directement de Spalt (Bavière) par l'exposant ; houblon provenant de replants tirés d'Achen (Bade).
Plantation remontant à sept ans dans la banlieue de Besançon à Casamène. La houblonnière contient mille pieds de houblon, les plants sont espacés de 1 mètre 65 centimètres.
Certificat du maire.

### GIRONDE.

**Pallard**, à Bazas.

## 53. — Houblon.

Cônes appartenant à diverses variétés de houblon, provenant de Morbach et Weingarten (Bavière) et de Rottenbourg (Wurtemberg).
Plantations datant de 4 ans ; importance actuelle, 2,000 perches ; moyenne de la récolte cette année, 500 grammes de cônes desséchés par pied.
Certificat du maire.

### HAUTE-MARNE.

**Barbier–Noblot** (Auguste), à Melay (Haute-Marne).

## 54. — Houblon.

Certificat du maire.

### HAUTE-SAONE.

**Monin,** brasseur à Mantoche (Haute-Saône).

## 55. — Houblon.

Deux échantillons, l'un de 1865, l'autre de 1866 ; celui de 1865 ayant servi à fabriquer les bières de garde envoyées par l'exposant.

Houblonnière plantée en 1861. Les pieds sont en ligne et à 1 mètre 75 centimètres de distance. Perches en sapin de 8 mètres à 11 mètres.

Culture, 2,000 perches; rendement en 1864, 520 grammes à la perche; en 1865, 475 grammes.

Certificat du maire.

### HAUT-RHIN.

**Radat** (Jacques), à Bergheim.

56. — Houblon.

Deux variétés : houblon ordinaire d'Alsace, houblon Spalt provenant des replants tirés directement d'Allemagne il y a deux ans. Plantation remontant à 1852.

Certificat du maire.

### ISÈRE.

**Bertrand** (Julien), à Saint-Quentin-sur-Isère.

57. — Houblon.

Etendue de culture : 1 hectare et demi. Les premières plantations remontent à 5 ans.

Certificat du maire.

### JURA.

**Fougères**, négociant à Beaune (Côte-d'Or).

58. — Houblon.

Ce produit provient des houblonnières de la Fraigneuse, commune de Gathey, arrondissement de Dôle (Jura).

Plantation remontant à 1864. Etendue cultivée : 7 hectares 50 ares.

**Vaulchier** (marquis de), au château du Deschaux.

59. — Houblon.

### MAINE-ET-LOIRE.

**Guyon** père et fils, à Gennes-les-Rosiers (Maine-et-Loire).

60. — Houblon.

Plantations remontant à 1864; ce sont les premières faites dans l'arrondissement de Saumur. Les plantations actuelles comprennent 2,700 perches ayant produit en 1865 1,283 kilogrammes.

Certificat du maire.

## MEURTHE.

### Fidrit, à Dieulouard.

**61. — Houblon.**

Trois variétés : houblon ordinaire du pays, houblon Spalt précoce, houblon Spalt tardif.
Certificat du maire.

### Laloy, à Lunéville.

**62. — Houblon.**

Deux variétés : houblon Spalt de Lunéville de terrain argilo-calcaire, houblon Spalt des environs de Lunéville, terrain argilo-sablonneux.
Certificat du maire.

### Noël, brasseur à Gerbeviller.

**63. — Houblon.**

### Poitel (Elie-Alfred), à Revigny (Meuse).

**64. — Houblon.**

Houblonnières situées à Rogeville. — Etendue cultivée : 1 hectare 32 ares. 3e récolte.
Certificat du maire.

## MEUSE.

### Poitel (Elie-Alfred), à Révigny.

**64 *bis*. — Houblon.**

Etendue : 2 hectares 32 ares, à Révigny. 3e récolte
la Moselle.
L'exposant, après comparaison faite des divers systèmes proposés pour l'emperchement, préfère l'ancienne méthode.
Certificat du maire.

## MOSELLE.

### Vaultrin, rue des Parmentières, 1 bis.

**65. — Houblon.**

Deux variétés : houblon ordinaire, houblon Spalt.
Etendue de la culture : 3 hectares 50 ares.

## NORD.

### Cœvoet-Schodduyn, rue des Bouchers, 11, à Lille.

**66. — Houblon.**

Quatre échantillons : deux de houblon de Poperinghe, un de houblon d'Alort, et un de houblon de Bousies (Nord).

Les échantillons de Poperinghe et de Bousies proviennent des houblonnières de l'exposant, également propriétaire à Busigny.

Certificat des autorités locales.

### Decantes (Henri), à Bœschèpe.

**67. — Houblon.**

Deux variétés : houblon précoce, houblon tardif.

Certificat du maire.

### Dehan, à Sebourg.

**68. Houblon,**

Plantation remontant à plus de 50 ans. L'étendue cultivée approche de 1 hectare.

Certificat du maire.

### Morcrette-Blanchard, à Busigny.

**69. — Houblon.**

Deux échantillons, plantations remontant à 3 ans. — Emploi du fil de fer et du pincement.

Certificat du maire.

### Vandewalle (Evariste), à Berthen.

**70. — Houblon.**

Neuf échantillons, houblons de $1^{re}$, $2^e$ et $7^e$ année, — variété rouge, rouge-vert et rouge-blanc.

Certificat des autorités locales.

## PUY-DE-DOME.

### Bernard-Talhandier, à Ambert.

**71. — Houblon.**

Deux échantillons.

## SAONE-ET-LOIRE.

### Bouchet, à Pourlans.

**72. — Houblon.**

Deux échantillons : houblon tardif de choix, houblon tardif ordinaire.
Certificat du maire.

### Guichard-Potheret, à Dracy-le-Fort.

**73. Houblon.**

Etendue de la culture : 5 hectares 50 ares, contenant 20,000 perches. Les premières plantations remontent à 20 ans.
Détail des variétés cultivées et exposées :
1. Houblon hâtif, cultivé dans une terre légère, siliceuse, sablonneuse. Moyenne : 200 grammes par perche. — 2. Houblon hâtif, plant de Spalt, cultivé dans un terrain calcaire. Moyenne : 175 grammes par perche. — 3. Houblon hâtif, plant d'Alsace, cultivé dans une terre siliceuse, sablonneuse. Moyenne : 250 grammes par perche. — 4. Houblon tardif, plant de Spalt, cultivé dans une terre légère, siliceuse, sablonneuse. Moyenne : 200 grammes par perche. — 5. Houblon tardif, plant de Spalt, cultivé dans un terrain fort, calcaire, un peu marneux. Moyenne : 250 grammes par perche. — 6. Houblon tardif, plant de Haguenau, cultivé dans un terrain fort, calcaire, un peu marneux. Moyenne : 200 grammes par perche. — 7. Houblon tardif, plant de la Bavière, cultivé dans un terrain de 1re classe, calcaire. Moyenne : 258 grammes par perche. — 8. Houblon tardif, plant d'Alsace, cultivé dans un terrain léger et tourbeux. Moyenne : 280 grammes par perche. — 9. Houblon tardif, cultivé dans un terrain de marais drainé. Moyenne : 300 grammes par perche.

### Roger-Coppenet, à Saint-Loup-de-la-Salle.

**74. — Houblon.**

Etendue cultivée : 1 hectare. Récolte moyenne annuelle, 1,200 kilogrammes.
Certificat du maire.

### Soucelyer, à Ouroux.

**75. Houblon.**

## SEINE-INFÉRIEURE.

### Bernage, à Berville.

**76. — Houblon.**

## VOSGES.

**Thuriot**, à Epinal.

77. — Houblon.

## YONNE.

**Dumée-Lépagnol**, meunier à Sens.

78. — Houblon.

**L. de Viviers,** au château de Viviers, près Tonnerre.

79. — Houblon.

Etendue de culture : 4 hectares.
Certificat du maire.

# ANGLETERRE.

**Bannermald** (Henry), Hunton Court, Hunton (Kent).

80. — Houblon.

Six échantillons : trois de la variété appelée *golding*; un de la variété *Jones*, un de la variété *golding grape*, et un de la variété *colegate*.

**Chantler** (C.), Hambridge farm, Sessingurst, Staplehurst (Kent).

81. — Houblon.

**Darmley** (Earl of), Cotham-Hall (Kent).

82. Houblon.

Envoyé par M. Geo. Franks, agent de M. le comte de Darmley, Thong, Gravesend (Kent).
Certificat des autorités locales.

**Day** (John), Chilham, nr Canterbury (Kent).

83. — Houblon.
Certificat des autorités locales.

**Ellys** (Robert-R.), The Court Lodge, Yalding, (Kent).

84. — Houblon.

**Finch-Harvey** (William), Thruxtid, Chartam, n' Canterbury (Kent).

85. — Houblon.

Hop of East Kent.

**Hodsoll**, Loose Court, Staplehurst (Kent).

86. — Houblon.

Deux échantillons : variété *Kent golding Hop.*
Certificat des autorités locales.

**Mercer** (Robert), Rodmersham House, n' Sitting-bourn (Kent).

87. — Houblon.

Variété : *Canterbury golding Hop.*
Certificat des autorités locales.

**Pointer** (E.-H.), Winchester.

88. — Houblon.

**Richardson** et **Sons**, 6, Duke Street, London Bridge, Southwark, Londres.

89. — Houblon.

**Arthur Solomon**, Petham (Kent).

90. — Houblon.

Deux échantillons (*of East Kent Hop*).
Certificat des autorités locales.

**Theobald** (H.), Godmersham (Kent).

91. — Houblon.

Certificat des autorités locales.

**Tomkin**, Collier Street, n<sup>r</sup> Staplehurst (Kent).

92. — Houblon.

**Whatman**, Etchingham, Hurst-Green (Sussex).

93. — Houblon.

## AUTRICHE.

S. A. I. l'archiduc **Albrecht** d'Autriche.

94. — Houblon.

Trois échantillons récoltés sur les localités *Lak, Lipowitz, Satoristye*, du domaine de *Bellye*, comitat Baranya, au sud-est de la Hongrie. Ce domaine appartient à S. A. I. l'archiduc Albrecht d'Autriche.

Directeur des domaines, M. Jesse. Négociants chargés de la vente : MM. Scharrer et fils, à Nuremberg (Bavière).

Les plantations remontent à deux ans, elles sont en voie d'augmentation. Saaz et Spalt ont fourni les plants.

Certificat des autorités locales.

**Kukucz** (Georges), Brody (Galicie).

95. — Houblon.

Certificat des autorités locales.

**Von Kaler** (Julius), à Burgau (Styrie).

96. — Houblon.

Prix de vente :

| | |
|---|---|
| En 1861 | 290 f. les 50 kil. |
| 1862 | 223 id. |
| 1863 | 250 id. |
| 1864 | 268 id. |
| 1865 | 375 id. |

Certificat des autorités locales.

**Schoffl** (Joseph), à Saaz (Bohême).

97. — Houblon.

**Sensi** (Johann), à Saint-Veit (Carinthie).

98. Houblon.

Certificat des autorités.

**Svalojonski** et **Sockl,** à Vienne.

99. — Houblon.

## GRAND-DUCHÉ DE BADE.

**Landfried** (P.-J.), à Rauenberg.

100. — Houblon.

## BAVIÈRE.

**Bamberg** (Société d'horticulture de), à Bamberg.

101. — Houblon.

La Société d'agriculture de Bamberg envoie deux échantillons : l'un provenant de la culture de M. Fr. Sippel, pharmacien (*Bamberger Hopfen Stadtgut*); l'autre de la culture de M. Galimberti, propriétaire (*Bamberger Hopfen Landgut*).
Certificat des autorités locales.

**Krumbach** (Société houblonnière de), à Krumbach.

102. — Houblon.

Trois échantillons.
Certificat des autorités locales.

**Lœwi** frères, à Fürth.

103. — Houblon.

**Pfahter** (J. L.), à Spalt.

104. — Houblon.

**Spalt** (ville de).

105. — Houblon.

## BELGIQUE.

**Robillard**, à Hensies.

106. — Houblon.

Importance de la culture, 6,000 perches.
Deux échantillons : houblon de 1864 et houblon de 1866.
Certificat du bourgmestre.

**Veys** (A. et Th.) frères, à Vlamertinghe-les-Po-
peringhe.

107. — Houblon.

Certificats du vice-consul de France à Courtrai et du bourgmestre
de Vlamertinghe.

**Vliebergh**, à Esschène (Brabant).

108. — Houblon.

Un échantillon : houblon tardif.

Veuve **de Wolf, Cosyns et fils**, à Alost.

109. — Houblon.

Deux échantillons, provenant des houblonnières situées sur la
commune d'Erpe.
Certificat du bourgmestre d'Erpe.

## HOLLANDE.

**Buchholtz** (P.-T.), à Hollerich-les-Luxembourg
(Grand-Duché de Luxembourg).

110. — Houblon.

**Mertens** (Alexandre), à Anvers.

111. — Houblon.

Tiges de houblon entières provenant des plantations faites au
mois d'avril dernier dans des bruyères situées sur la commune de
Putte.
Certificat du maire.

## ITALIE.

**Pasqui** (Gaëtano), à Forli (Romagne).

112. — Houblon.

## PRUSSE.

**Beckenhaupt** (Th.), à Saint-Jean-Sarrebruck.

113. — Houblon.

**Bitbourg** (Société agricole et houblonnière de), à Bitbourg.

### 114. — Houblon.

Neuf échantillons et une couronne.
La Société houblonnière de Bitbourg compte 350 membres.

**Flatau** (Jos.-Jac.), Leipziger str., 18, à Berlin.

### 115. — Houblon.

Echantillon de houblon de Neutomyst, en Posnanie.
Premières plantations remontant à 1838.

## SUISSE.

**Chessex**, à Montreux.

### 116. — Houblon.

Echantillon provenant d'une plantation de 1865, dont la moitié a dû être replantée cette année à cause des ravages des vers blancs.

**Pichard**, à Aigle (Vaud).

### 117. — Houblon.

Importance de la culture, 1,611 perches sur la commune d'Ollon.
Cette houblonnière a été établie en 1860, le rendement a été :

| | |
|---|---|
| En 1861. . . . . . . . . . . . . . . . . . . . . | 25 kil. |
| 1862. . . . . . . . . . . . . . . . . . . . | 152 |
| 1863. . . . . . . . . . . . . . . . . . . . | 651 |
| 1864. . . . . . . . . . . . . . . . . . . . | 687 |
| 1865. . . . . . . . . . . . . . . . . . . . | 566 |
| 1866. . . . . . . . . . . . . . . . . . . . | 632 |

Certificat du syndic d'Ollon.

## WURTEMBERG.

**Fohmann** (A.), à Tettnang.

### 118. — Houblon.

Deux échantillons : houblon primeur, récolte moyenne, 2,000 kilogrammes ; houblon tardif, récolte moyenne, 1,500 kilogrammes.

**Hailer** (Henri), à Horb.

### 119. — Houblon.

Deux échantillons.
Certificat des autorités locales.

**Hailor** (Carl), à Rothwail.

### 120. — Houblon.

Certificat des autorités locales.

---

DEUXIÈME SECTION.

# LES BIÈRES.

—

## FRANCE.

**Aché**, brasseur, rue Ramey, 91, à Paris.

### 121. — Bière.

Bière en fût.

**Allard**, brasseur à la Côte–Saint–André (Isère).

### 122. — Bière brune.

Une caisse de 12 cruches.
Brasserie fondée en 1863; production annuelle, 1,800 feuillettes.
Certificat du maire.

**André** (Louis), brasseur à Bruille-les-S$^t$-Amand (Nord).

### 123. — Bière blanche.

Une caisse contenant 20 bouteilles.
Certificat du maire.

**Batault** (fils) et **Micaud**, brasseurs à Nolay (Côte-d'Or).

(Voy. 1$^{re}$ Section, n° 12.)

### 124. — Bière.

12 bouteilles de bière provenant d'un brassin fait le 27 septembre; un fût de 30 litres de bière fabriquée du 5 au 6 octobre pour être dégustée, tirée au fût.
Certificat du maire.

**Van Bavinchon aîné**, brasseur, quai des Salins, 22, à Saint-Omer (Pas-de-Calais).

**125. — Bière.**

Une caisse de 10 bouteilles. Bière fabriquée au mois de janvier dernier, mise en bouteilles depuis trois mois. Le houblon employé provient de l'arrondissement d'Hazebrouck (Nord).

Prix : 17 francs l'hectolitre et 18 francs pour la clientèle bourgeoise.

Certificat du maire.

**Beaujoint** (Alphonse), brasseur à Varennes (Meuse).

**126. — Bière.**

Une caisse de 6 bouteilles.
Certificat du maire.

**Bidault**, brasseur à Digoin (Saône-et-Loire).

**127. — Bière.**

1 fût et 12 cruchons.

**Bourgeois,** directeur du *Journal des Brasseurs,* à Paris.

**128. — Bière.**

6 bouteilles be bière allemande traitée le 4 octobre 1866 par le procédé de M. Velten.

**De Bourgogne**, brasseur à Lamarche (Vosges).

**129. — Bière.**

**Capon,** brasseur, rue Wicar, 5, à Lille (Nord).

**130. — Bière de Lille.**

Quatre bouteilles de bière : la première contenant de la bière faite en mars, et dans laquelle il entre 700 grammes de houblon de Poperinghe à l'hectolitre ; la seconde faite en mai, et contenant à l'hectol. 300 gr. houblon de Bœschèpe et 300 gr. houblon de Poperinghe ; la troisième faite en août, et contenant à l'hect. 550 gr. houblon de Poperinghe ; la quatrième faite en août, et contenant à l'hectol. 300 gr. houblon de Bœschèpe et 300 gr. houblon de Poperinghe.

Certificat du maire.

**Damitio** frères, brasseurs à Pontarlier (Doubs).

131. — Bière.

Tonneau de 25 litres de bière, procédé bavarois.
Un panier de 30 bouteilles de bière jaune.
Matières premières employées dans la préparation de ces bières :
orge germé fin juin dernier et houblon d'Alsace.

**Décailly-Bernard,** brasseur à Vitteaux (Côte-
d'Or).

132. — Bière.

**Eberlin** fils aîné, brasseur à Dijon (Côte-d'Or).

133. — Bière.

Un fût de 30 litres. — Bière fabriquée pour être bue en chope,
système bavarois.

**Freund** (Paul), à Saint-Louis (Haut-Rhin).

134. — Bière.

Un baril contenant de la bière de Bavière. Le houblon employé
dans cette fabrication est moitié d'Alsace, moitié de Spalt.
Fabrication annuelle : 6,000 hectolitres.

**George** (François), brasseur, boulevard de la
Thèse, 11, à Marseille (Bouches-du-Rhône).

135. — Bière de garde.

Bière pouvant se conserver pendant plusieurs années, suppor-
tant parfaitement le transport sous toutes les latitudes, et se boni-
fiant en vieillissant.

**Girod,** brasseur à Poligny (Jura).

136. — Bière.

**Guilleminot,** brasseur, rue du Nord, 5, à Dijon
(Côte-d'Or).

137. — Bière.

Un panier contenant six bouteilles de bière ordinaire.

**Hoffherr** frères, brasseurs, cours Napoléon, 25,
à Lyon (Rhône).

**138.** — Bière.

Une caisse renfermant 12 bouteilles de bière de conserve, fabriquée en janvier dernier, et 2 tonneaux contenant chacun 20 litres, l'un de bière jeune, l'autre de bière de conserve.
Certificat du maire.

**Hütt** fils, brasseur à Saumur (Maine-et-Loire).

**139.** — Bière brune.

**Koch** aîné, cours Rambaud, 1, à Lyon (Rhône).

**140.** — Bière.

Deux caisses contenant chacune 12 bouteilles de bière brune, dite bière de Lyon.
Deux caisses contenant chacune 12 bouteilles de bière spéciale dosée pour l'exportation.

**Lapipe** frères, brasseurs à Fontaine-en-Duesmois
(Côte-d'Or).

**141.** — Bière.

Trois fûts : bière du pays, bière façon Bavière, bière façon Strasbourg.
Brasserie existant depuis 26 ans. Fabrication annuelle : 2,000 hectolitres.
Certificat du maire.

**Messner** et **Faessel**, rue Ste-Marguerite, 10,
Dijon (Côte-d'Or).

**142.** — Bière.

Deux fûts d'environ 30 litres chacun, contenant l'un de la bière ordinaire, l'autre de la bière façon Bavière.
Certificat du maire.

**Monin**, brasseur à Mantoche (Haute-Saône).

(Voy. 1re Section, n° 55.)

**143.** — Bière.

La bière est façon bière blanche, très recherchée dans le pays. — Fabrication annuelle : 5,000 hectolitres.

**Moucelot**, brasseur à Montbard (Côte-d'Or).

(Voy. 1re Section, n° 38.)

**144.** — Bière.

**Nardon** (C.), boulevard Richard-Lenoir, 20, Paris.

**145.** — Bière.

30 bouteilles de bière fabriquée dans la brasserie Jacob Stier, rue Dulong, n° 11, à Paris-Batignolles, et traitée par le procédé de conservation de M. Nardon.

**Noël**, brasseur à Gerbeviller (Meurthe).

(Voy. 1re Section, n° 63.)

**146.** — Bière.

**Ploquin** et **Seguin**, rue de Versailles, Nantes (Loire-Inférieure).

**147.** — Bière.

Une caisse de 12 bouteilles de bière d'exportation, mise en bouteilles depuis un mois.
Certificat du maire.

**Velten**, brasseur à Marseille (Bouches-du-Rhône).

**148.** — Bière.

Un panier contenant 20 bouteilles de bières de différentes sortes, préparées pour l'exportation et la consommation locale.
Bière conservée par l'emploi de la chaleur.

**Wagner** (Emile), rue d'Austerlitz, 20, Strasbourg (Bas-Rhin).

**149.** — Bière.

Un fût de 54 litres de bière jeune à fermentation basse, fabriquée depuis quinze jours.
Deux fûts de 52 litres chacun, bière de conserve.
Brasserie des Trois-Rois, caves de conserve et glacières à Kœnigshoffen.
Certificat du maire.

**Winckler** (Alphonse), brasseur à Morez (Jura).

## 150. — Bière.

Caisse contenant 12 cruchons.
Bière de qualité courante.
Patente de brasseur.


**Wittersheim**, brasseur à Barr (Bas-Rhin).

(Voy. 1re Section, n° 10.)

## 151. — Bière de garde.

10 bouteilles de bière de garde fabriquées en février avec le houblon récolté par l'exposant.
10 bouteilles de bière jeune.
Fabrication annuelle, 3,000 hectolitres.
Certificat du maire.


# ANGLETERRE.

**Aitken** (James) et C°, Falkirk (Ecosse).

## 152. — Bière.

24 bouteilles de Pale Ale; bière brassée au mois de mars 1866, préparée pour l'exportation.


**Allsopp** et Son, Burton-on-Trent.

## 153. — Bière.

24 bouteilles de East India Pale Ale et de Burton Ale.
Brasserie fondée en 1804; occupe 1,500 employés.
Dépositaire à Paris des bières de la maison Allsopp et C° : M. Callot, rue Bausset, 8.


**Bass** et C°, Burton-on-Trent.

## 154. — Bière.

Un panier de 12 bouteilles et 12 demi-bouteilles de Pale Ale.
Un panier de 6 bouteilles et 6 demi-bouteilles de Strong Burton Ale.
Bières brassées au mois de mars, et mises en bouteilles au mois de mai.
Dépositaires à Paris des bières de la maison Bass : MM. Morgan et C°, rue Sainte-Anne, 73.

**Bowly et Son, Cirencester.**

**155. — Bière.**

12 bouteilles de East India Pale Ale.
12 bouteilles de Mild Burton Ale.
Certificat des autorités locales.

**Brenchley, Stacey et Stacey,** Stone Street, à Maidstone.

**156. — Bière.**

Un fût de bière très forte.
Directeur général de la brasserie : James Hinton Baverstock.

**Dick et Thomson,** Edimbourg (Ecosse).

**157. — Bière.**

**Fowler** (John) et C°, Prestonpans (Ecosse).

**158. — Bière.**

12 demi-bouteilles India Pale Ale.
12 demi-bouteilles Mild Ale.
12 demi-bouteilles Old Ale (dix années de fabrication).
6 demi-bouteilles Beer.
Directeur de la brasserie de Prestonpans : M. Ferguson (Joseph).
Certificat des autorités locales.

**Gardner Godden** et C°, Sandwich, Kent.

**159. — Bière.**

Ale.

**Garton** (Ch.) et C°, à Bristol.

**160. — Bière.**

Deux barils de *Pale Ale.*
Deux barils de *Strong Ale.*
Deux paniers de bouteilles de Pale Ale et de Strong Ale.
Certificat des autorités locales.

**Jeffrey** (John) et C°, Edimbourg.

**160 *bis*. — Bière.**

*Export Pale India Ale.*

**Lane** (John-E.), Gt. Berkhampstead, Herts.

**161. — Bière.**

Un fût de *Strong Ale.*
Un fût de bière hygiénique et de consommation courante.

**London & Burton Bottled Beer Company Li-
mited** (Société pour les bières en bouteille de
Londres et de Burton), 1 et 3, Philpot Lane,
City. Londres.

**161 *bis*. — Bière.**

Allsop's India Pale Ale.
Barklay's Stout Porter.
Barklay's double brown Stout.
Bass et C$^{ie}$, Pale Ale.
Bass et C$^{ie}$, Pale Ale mise en bouteilles pour l'exportation en
Chine.
Extra Stout Porter.
Finest Dublin Stout.
Guinnes's Dublin Stout.
India Pale Ale London pour l'exportation en Amérique.
Toutes ces bouteilles sont garanties par la Société lorsqu'elles
sont munies de la capsule métallique portant sa marque commer-
ciale.

**Lync** (Charles) et C°, 46, Eadenhall Street,
Londres.

**162. — Bière.**

**Phillips** Brothers, Northampton.

**163. — Bière.**

**Taylor,** 35, Pembroke Street, Oxford.

**164. — Bière.**

Pale Ale ou Bitter Beer.
Certificat des autorités locales.

**Slack** (James), Monmouth S$^{t}$, Rusholme, Manchester.

**165. — Bière.**

Ale et Porter.

**Smithwich** (Edm.) et Sons, Kilkenny.

**166. — Bière.**

Ale.

**Stephens** (John-A.), 9, Bridge Street, Banbury.

**167. — Bière.**

Banbury Brown Stout (bière forte brune de Banbury).

**Warwick** (R.) et Sons, Newark-on-Trent (Ecosse).

**168. — Bière.**

Un fût de *Pale Ale*.
Deux fûts de *Strong Ale*.
Certificat des autorités locales.

## BELGIQUE.

**Bailly**, à Tongres (Limbourg).

**169. — Bière.**

25 bouteilles de bière d'orge double gazeuse.

**Bataille-Lenglet**, à Quiévrain (Hainaut).

**170. — Bière.**

Un cruchon de bière grisette de Quiévrain, dite de saison, fabriquée en novembre 1865.
Un cruchon bière brune de Quiévrain jeune, fabriquée en septembre 1866.
Un cruchon de bière grisette de deux ans, réservée pour coupage ou pour la mise en bouteilles.
Fabrication annuelle : 6,000 hectolitres. Les soins particuliers apportés à toutes les opérations exigent que la fabrication reste limitée à ce chiffre.
Certificat du bourgmestre.

**Charlier**, rue Petite Belle-Vue, 43, à Gand.

**171. — Bière.**

3 bouteilles de bière lupulineuse d'été.

**Coyette-Schmidt** (J.-B.), à Jumet.

**172. — Bière.**

Un fût de bière brune provenant d'un brassin ordinaire.
Frabrication annuelle : 3,600 fûts ; valeur : 57,600 fr.

## Derbaix (Hilaire), à Warguignies (Hainaut).

**173. — Bière.**

Douze cruchons de bière.
Certificat du bourgmestre.

## Lannoy-Sablon (Henri), à Charleroi.

**174. — Bière.**

8 bouteilles de bière *Uytzet*, bière très goûtée dans les Deux-Flandres.
Certificat du bourgmestre.

## Laurent (Emile), à Dinant.

**175. — Bière.**

Un tonneau contenant 50 litres de bière. Cette bière est de fabrication courante, vendue sur place à 10 fr. le demi-hectolitre.
Certificat du bourgmestre.

## Lust (Gustave), à Courtrai (Flandre-Occidentale).

**176. — Bière.**

5 bouteilles de bière faite en janvier 1853. Cette bière a été mise en bouteilles en 1855.
5 bouteilles de bière faite en 1864.
2 bouteilles provenant d'un brassin fait en novembre 1865.
2 bouteilles de bière fabriquée en juillet 1866.
Certificat du bourgmestre.

## Paternostre-Cattier, rue Bertaimont, n° 41, à Mons.

**177. — Bière.**

6 bouteilles bière de garde, brassée en décembre 1864, mise en bouteilles le 6 septembre 1866.
6 bouteilles bière de garde, brassée en décembre 1865, mise en bouteilles le 25 septembre 1866.
6 bouteilles bière de garde pâle, brassée en décembre 1865, mise en bouteilles le 25 septembre 1866.
6 bouteilles bière de mars 1866, mise en bouteilles le 6 septembre 1866.
Un fût en verre contenant de la bière pâle jeune brassée le 17 septembre 1866, mise en fût le 25 du même mois.
Toutes ces bières ont été conservées en fût.
Fabrication annuelle : 22,000 hectolitres dont un tiers en bière de garde et deux tiers en bière jeune. Maison fondée en 1829.
Certificat du bourgmestre.

**Robillard**, à Hensies.

(Voy. 1ʳᵉ Section, n° 106).

**178. — Bière.**

2 bouteilles bière blanche, genre Louvain.
2 bouteilles bière grisette vieille, genre Faro.
2 bouteilles bière brune vieille, genre Lambic.
2 bouteilles bière brune vieille de saison.
2 bouteilles bière brune vieille demi-saison.
Spécialité, bière forte ayant deux ans de bouteille.
Ces bières sont fabriquées par l'exposant avec les produits agricoles de son exploitation.
Certificat du bourgmestre.

**Verschaeve** (Alphonse), rue de Lille, n° 31, à Ypres (Flandre-Occidentale).

**179. — Bière.**

5 flacons bière brune des Flandres, brassée le 12 février 1866.
5 flacons bière dite *Uytzet des Flandres*, brassée en janvier 1866.
5 flacons de bière dite *Double Uytzet des Flandres*, brassée le 4 avril 1866.
Ces 15 flacons de bière de garde ont été soutirés le 27 septembre.
Certificat du bourgmestre.

**Vetre** (Ed.), brassseur à Hal-les-Bruxelles.

**180. — Bière.**

Série de bières *Lambic* de différents âges.

**Wamback**, à Esschène (Brabant).

**181. — Bière.**

6 bouteilles de bière *Lambic*.
7 bouteilles de bière *Uytzet*.

**Van Wassenhove** (Gustave), à Warcoing (Hainaut).

**182. — Bière.**

**De Winter** frères, à Oppuers (Anvers).

**183. — Bière.**

4 bouteilles de bière fabriquée en décembre 1865.
Certificat du bourgmestre.

**Zerque-Huet** (René), à Feluy (Hainaut).

**184. — Bière.**

Un baril de bière brune du Hainaut.
10 bouteilles de bière dite grisette-mousseuse, ou bière des Couronnés.

## BAVIÈRE.

**Bamberg** (Société d'horticulture de), à Bamberg.

(Voy. 1ʳᵉ Section, nᵒ 101.)

**185. — Bière.**

Bière de Bamberg fabriquée par Joseph Gabler, membre de la Société.
Certificat des autorités locales.

**Wagner,** à Augsbourg.

**186. — Bière.**

## HOLLANDE.

**Buchholtz** (P.-T.), à Hollerich-les-Luxembourg (Grand-Duché de Luxembourg).

(Voy. 1ʳᵉ Section, nᵒ 110.)

**187. — Bière.**

Bières de garde fabriquées en décembre 1865, janvier et février 1866.

**De Haan** et **Raven,** à Harlem.

**188. — Bière.**

24 bouteilles de bière provenant de la brasserie *Witte-Raaf* (Corbeau-Blanc).
4 bouteilles de bière pour les Indes, brassée en mars 1866.
4 bouteilles *Lambick*, bière brassée en novembre 1864.
4 bouteilles de *Faro*, bière brassée en décembre 1864.
4 bouteilles d'*Ale*, bière brassée en mai 1866.
4 bouteilles d'*Oud*, bière brassée en décembre 1865, et 4 bouteilles de *Nieuw-Licht*, bière brassée en octobre 1865.
Certificat du bourgmestre.

## PRUSSE.

**Beckenhaupt** (Th.), à St–Jean-Sarrebruck.

(Voy. 1re Section, n° 113.)

189. — Bière.

## SAXE.

**Bierbrauerei zùm Feldschlosschen** (Brasserie du petit Château des Roches), à Dresde.

190. — Bière.

10 bouteilles de *Salon Bier.*
Un fût de bière de garde d'été.
Un fût de bière de mars.
Certificat des autorités locales.

---

## TROISIÈME SECTION.

# LES INSTRUMENTS

**employés pour la culture du houblon, sa récolte, sa conservation et son expédition, ainsi que les appareils servant à apprécier sa valeur.**

—

## FRANCE

**Bernard** (Claude), à Bonnencontre (Côte-d'Or).

191. — Modèle d'un système d'élevage sur fil de fer.

192. — Une perche munie à l'extrémité d'un crochet servant à la descente et à la montée de chaque fil vertical.

A cette perche on peut adapter un sécateur destiné à couper les pampres qui s'attachent au collecteur.

M. Bernard est employé chez M. Groffier, planteur de houblon à Bonnencontre.

**Bertrand** (Jean-Baptiste), à Pouilly, près Seurre (Côte-d'Or).

(Voy. 1re Section, n° 13.)

193. — Une tarière.

Cet instrument est employé pour perforer le sol et planter les perches. Son usage permet de faire, avec la même dépense, quatre fois plus d'ouvrage que par les moyens anciennement connus.

**Bertrand** (Julien), à Saint-Quentin-sur-Isère (Isère).

(Voy. 1re Section, n° 57.)

194. — Un plan de séchoir à houblon.

Le séchoir a fonctionné cette année chez l'exposant. Il a été construit d'après le système de M. Douvres, de Grenoble.

**Carpentier**, rue des Marais-Saint-Martin, 40, à Paris.

195. — Fils de fer pour échalassement des houblonnières.

**Castille,** à Gemeaux (Côte-d'Or).

(Voy. 1re Section, n° 17.)

196. — Claie pour sécher le houblon.

Cette claie est fabriquée avec un métier, et d'une façon très économique.

**Chambrette** (Pierre), mécanicien à Bèze (Côte-d'Or).

197. — Une claie en bois pour sécher le houblon.

Le prix du mètre carré est de 1 fr. 15 c.

198. — Un instrument pour arracher les perches à houblon.

Le prix de cet instrument est de 10 fr.

**Christophel**, à Haguenau (Bas-Rhin).

199. — Séchoir à houblon.

Le houblon séché par cet appareil, à une température de 35 à

40°, est aussi beau que s'il avait été séché à l'air libre ou au soleil.

Suivant les modèles, on peut dessécher, dans les 24 heures, de 150 à 300 kil. de houblon.

Les prix varient de 1,050 à 1,600 fr.

### Collin, négociant à Châtillon-sur-Seine (Côte-d'Or).

**200. — Perches à houblon en sapin.**

Ces perches proviennent de plantations qui ont de 20 à 25 années de date.

L'exploitation s'en fait d'une manière rationnelle et, à l'époque la plus convenable.

Prix de vente :

| | | |
|---|---|---|
| Perches de 6m50 à 7m . . . . . . | » f. 85 c. l'une. |
| — de 7 à 8m . . . . . . . . | 1 » — |
| — de 8 à 9m . . . . . . . | 1 10 — |
| — de 9 à 10m . . . . . . | 1 20 — |
| — de 10m et au-dessus . . | 1 30 — |

Ces perches ont de 22 à 35 centimètres de circonférence à 1 mètre du sol, et à l'extrémité supérieure 9 centimètres de tour.

### Converset-Debrie, constructeurs d'instruments à Châtillon-sur-Seine (Côte-d'Or).

**201. — Charrue pour cultiver le houblon.**

### Dehon, à Sebourg (Nord).

(Voy. 1re Section, n° 68.)

**202. — Procédé pour la destruction de l'insecte du houblon.**

Ce procédé, consigné dans un rapport fait à la Société d'agriculture, sciences et arts de Valenciennes, consiste dans l'effeuillage complet des plants attaqués.

Cette opération entraîne une dépense évaluée à 12 fr. 80 c. par hectare.

### Ditte, à Pagny-sur-Moselle (Moselle).

**203. — Presse portative à houblon.**

Cette presse est légère ; un seul homme peut la manœuvrer et faire une bâche de 100 à 110 kil. en 12 minutes.

Prix : modèle n° 1, 80 fr., et modèle n° 2, 120 fr., en gare de Pagny.

**Esquiron**, 45, rue Rochechouard, Paris.

204. — Appareil pour l'essai des houblons.

Cet appareil permet de doser très exactement la quantité d'huile essentielle contenue dans le houblon.

**Gautheret** (Claude), à Lux (Côte-d'Or).

(Voy. 1re Section, n° 20.)

205. — Charrue pour la culture du houblon.

206. — Une houe employée dans la même culture.

207. — Un chevalet pour le pelage des perches.

208. — Un instrument pour arracher les perches.

209. — Un appareil servant à l'ensachement du houblon.

**Gavot** et **Cormery,** place du Marché-aux-Veaux, à Orléans (Loiret).

210. — Appareil pour la conservation du houblon.

211. — Houblon de la Côte-d'Or, récolte de 1865, conservé au moyen de l'appareil précédent.

Ce système de conservation repose entièrement sur l'extraction de l'air, sans l'emploi d'aucun agent chimique. Le houblon est encaissé sans qu'il soit nécessaire de le soufrer ni de le tourailler.

Les chambres des syndicats de Paris et de Strasbourg ont constaté que les houblons conservés par ce procédé avaient gardé leur fraîcheur, leur arôme et toutes leurs propriétés.

Les expériences faites dans plusieurs brasseries démontrent d'une manière incontestable l'économie de ce procédé.

**Grillot,** à Dalhain (Meurthe).

212. — Plan de houblonnière disposée au moyen du fil de fer.

Ce plan est accompagné des observations de l'auteur et d'une légende explicative.

**Groffier,** à Bonnencontre (Côte-d'Or).

(Voy. 1re Section, n° 24.)

213. — Système de culture du houblon au moyen du fil de fer (modèle).

L'emploi de ce système donne, pour la dépense de plantation d'un hectare, 2,637 fr., ce qui fait par pied 48 c., en supposant le houblon planté à 1 mètre 25 sur 1 mètre 50, c'est-à-dire 5,400 pieds à l'hectare.

Les mêmes opérations, faites avec le système des perches, occasionneraient une dépense de 75 à 80 c. par pied.

Il faut joindre à ce premier avantage une dépense moindre dans les opérations de culture, une plus grande facilité pour les pratiquer, et une qualité bien supérieure à celle que fournit l'usage des perches.

**Jourdeuil,** à Beire-le-Châtel (Côte-d'Or).

(Voy. 1re Section, n° 30.)

214. — Tente-abri.

Cette tente permet la cueillette du houblon en temps de pluie ; elle est portative, et 25 ouvrières peuvent y travailler. Le prix de revient de cette tente est de 140 fr.

**Langlois,** au Neuhoff, près Strasbourg (Bas-Rhin).

(Voy. 1re Section, n° 0.)

215. — Un système de houblonnières avec poteaux et fils de fer.

216. — Un séchoir à houblon.

**Menetrier,** rue Condé, 51, à Dijon (Côte-d'Or).

217. — Claie à houblon.

**Meugniot,** fabricant d'instruments aratoires, à Dijon (Côte-d'Or).

218. — Une charrue pour la culture du houblon.

219. — Une houe à cheval pour cette même culture.

**Montoiret** (Bénigne), à St-Julien (Côte-d'Or).

(Voy. 1<sup>re</sup> Section, n° 37.)

220. — Système de claie mobile servant au séchage du houblon.

**Mugnier** (Jean-Nicolas), à Cirey (Côte-d'Or).

221. — Modèle d'un nouveau système d'emperchement et de conservation des houblonnières.

**Renard** (L.) et C<sup>ie</sup>, 16, rue de la Tour-des-Dames, à Paris.

222. — Engrais pour le houblon.

223. — Appareil utilisé pour sa préparation.

224. — Houblon.

Les engrais préparés par la Compagnie chaufournière de l'Ouest, ont donné en Belgique d'excellents résultats dans la culture du houblon.

Les deux échantillons exposés sous le n° 224, proviennent : l'un d'une houblonnière où cet engrais avait été employé, l'autre d'une houblonnière n'ayant pas reçu d'engrais.

**Robelin**, port du Canal, 10, à Dijon (Côte-d'Or).

(Voy. 1<sup>re</sup> Section, n° 42.)

225. — Tarière pour la plantation des perches.

Cet instrument permet de faire promptement et solidement la plantation des perches à houblon.

**Soucelyer**, à Ouroux (Saône-et-Loire).

(Voy. 1<sup>re</sup> Section, n° 75.)

226. — Instrument pour arracher les perches.

**Tabourot** (Denis), à St-Julien (Côte-d'Or).

(Voy. 1<sup>re</sup> Section, n° 49.)

227. — Une claie pour dessécher le houblon.

**228.** — Modèle représentant un système spécial de culture du houblon par l'emploi du fil de fer.

L'emploi de ce système procure une économie de 75 0/0 sur celui des perches. Le rapport est le même.

**Vaultrin**, rue des Parmentières, 1 *bis*, à Metz (Moselle).

(Voy. 1ʳᵉ Section, n° 65.)

**229.** — Claie en fil de fer pour la dessiccation du houblon.

Cette claie a été inventée par l'exposant; elle est très préférable aux claies en bois.

Les claiés employées à la dessiccation peuvent être très facilement réunies au moyen d'un système très simple de suspension imaginé par l'exposant.

**Velten**, à Marseille.

(Voy. 2ᵉ Section, n° 148.)

**230.** — Appareil servant à la conservation du houblon par le gaz acide carbonique.

## ANGLETERRE.

**Cheale** et Sons, Southower, Lewes, Sussex.

**231.** — Machine à presser le houblon.

**Epps** (Alexandre), Chilham, Canterbury, Kent.

**232.** — Appareil pour la dessiccation du houblon, du malt et d'autres substances.

Cet appareil a été breveté en 1863; depuis cette époque, il a rendu de grands services aux planteurs de houblon qui l'ont adopté.

Le houblon desséché par ce procédé, conserve toutes ses propriétés.

# BELGIQUE.

## Robillard, à Hensies.

(Voy. 1re Section, no 106, et 2e Section, no 179.)

**233.** — Procédé propre à guérir le houblon de la vermine.

Ce procédé consiste dans l'injection, au moyen d'une pompe, d'un liquide spécial.

Le tableau exposé représente des travailleurs occupés à guérir la vermine du houblon.

Un certificat de plusieurs cultivateurs de Hensies, dont les signatures sont légalisées par le bourgmestre, atteste l'efficacité de ce procédé.

## Vander-Schelden, rue Basse, 27, à Gand.

**234.** — Emploi du houblon comme plante textile.

Lorsqu'on a cueilli les fleurs de houblon on coupe les tiges, on les met en paquet et on les fait rouir dans l'eau comme le chanvre.

Cette macération est très importante, car si le houblon n'est pas bien macéré, on ne peut séparer les fils de l'écorce de la substance ligneuse. Mais lorsque les tiges sont bien rouies, on les fait sécher au soleil, on les bat comme le chanvre sous une mâchoire de bois. Les fils se détachent; on les peigne, on les travaille et on peut en faire de la grosse toile. Les tiges les plus grosses peuvent donner un fil propre à faire de bonnes cordes. Le houblon travaillé suivant les derniers systèmes qu'on emploie pour le lin, pourrait aussi procurer au fil plus de beauté.

# ITALIE.

## Pasqui (Gaetano), à Forli (Romagne).

(Voy. 1re Section, no 112.)

**235.** — Instruments servant à la culture du houblon.

# PRUSSE.

## Bitbourg (Société agricole et houblonnière de), à Bitbourg.

(Voy. 1re Section, no 114).

**236.** — Modèle d'un séchoir à houblon,

Ce séchoir à houblon a été inventé par un des membres de la Société agricole de Bitbourg.

## QUATRIÈME SECTION.

# LES APPAREILS

**employés pour la fabrication et la conservation de toutes les espèces de bière, ainsi que les produits accessoires utilisés dans cette fabrication.**

—

### FRANCE.

**Bassot** (jeune), à Dijon (Côte-d'Or).

237. — Malt.

Magasins pour la préparation du malt, dont la fondation remonte à 1860.

**Baudelot**, à Haraucourt (Ardennes).

238. — Machine à laver les tonneaux.

Prix de la machine livrée à Sedan, 275 fr.
Le mouvement de cette machine est très simple; elle peut nettoyer de 35 à 40 fûts à l'heure.

239. — Réfrigérant pour la bière (photographie).

**Beckenhaupt** et **Christophel**, à Bischwiller et Haguenau (Bas-Rhin).

240. — Appareil réfrigératif.

Cet appareil prend peu de place, sa construction est simple et peu coûteuse, et il permet d'obtenir très promptement la réfrigération.

**Bernard-Talhandier**, à Ambert (Puy-de-D.).

(Voy. 1re Section, no 71.)

241. — Bouchons de liége et bondes en bois.

**Bontemps**, mécanicien à Chalon-sur-Saône (Saône-et-Loire):

242. — Réfrigérant pour brasseries.

**Bourgeois** (P.), directeur du *Journal des brasseurs*, 143, rue Saint-Antoine, Paris.

243. — Plans d'installation des brasseries et des malteries.

244. — Vernis spécial pour les brasseurs.

Ce vernis s'emploie à froid, au pinceau et peut remplacer très avantageusement la poix.

**Carpentier** (C.), rue des Marais-Saint-Martin, 40, à Paris.

(Voy. 3ᵉ Section, nᵒ 195.)

245. — Cuve matière simple avec un fond.

Cette cuve montre par la section d'une partie de la paroi le système de la cuve matière à double enveloppe chauffée par la vapeur.

246. — Plateau de touraille en tôle perforée.

247. — Bac rafraîchissoir à gorge.

La maison se charge d'exécuter les ustensiles et appareils de toutes sortes en fer et tôle galvanisés pour brasseries.

**Doullay** et **Martin**, à Chelles (Seine-et-Marne).

248. — Générateur à gaz acide carbonique, avec régulateur hydraulique pour la conservation en vidange et l'élévation des bières, cidres, vins et autres liquides.

Prix de l'appareil simple, 300 fr.; de l'appareil double, 400 fr. Dépôt à Paris, avenue Victoria, Hôtel de Ville.

**Esquiron**, 45, rue de Rochechouart, à Paris.

(Voy. 3ᵉ Section, nᵒ 204.)

249. — Colle liquide.

Cette matière est de la colle de poisson rendue liquide et imputrescible. Son emploi donne à la bière une plus grande faculté de conservation.

**Fenouillot** (père et fils), à Vaise-Lyon (Rhône).

250. — 2 foudres de 20 à 25 hectolitres.

251. — 3 fûts à pressoir pour bière de conserve.

252. — 3 fûts de 100, 50 et 25 litres.

253. — 2 fûts, tonneau et feuillette de Bourgogne.

Tous ces fûts et foudres sont fabriqués en bois d'Autriche.

**Gaubert** et **Mantoux**, rue des Godrans, à Dijon (Côte-d'Or).

254. — Bascules pour liquides.

255. — Bascules spéciales pour brasseries (dessin).

**Gerbaulet-Moisson**, rue Berbisey, à Dijon (Côte-d'Or).

256. — Un siphon-pompe pour cuves.

257. — Siphon pour tonneaux et foudres.

258. — Siphon pour bouteilles et dépotoir.

**Van Hoegaerden** (Edouard), ingénieur constructeur à Raismes (Nord).

259. — Plan d'une brasserie agricole à bras.

260. — Plan d'une brasserie avec machine.

261. — Plan d'une brasserie complète à la vapeur.

262. — Tableau indiquant les dimensions des vases employés dans 39 brasseries montées, de 1864 à 1866, par l'usine spéciale de Raismes.

Photographie de cette usine.

**Kolb** frères, constructeurs mécaniciens, rue de Finckwiller, 23, à Strasbourg (Bas-Rhin).

263. — Une cuve matière avec sa machine à vaguer, à palettes pivotantes.

264. — Un monte-sacs, servant également à monter les fûts, avec frein automatique.

265. — Un moulin à broyer le malt, à cylindres
unis.

MM. Kolb exposent également un album renfermant les dessins
de toutes les machines qu'ils fabriquent pour l'usage spécial de la
brasserie.


**Laurent** aîné, mécanicien à Dijon (Côte-d'Or).

266. — Un concasseur d'orge.


**Lepetit-Pitolet,** rue du Bourg, 24, Dijon (Côte-
d'Or).

267. — Une série de mesures à grain.

268. — Une série de mesures à charbon.

269. — Pelles assorties pour brasserie.

270. — Barils assortis.

271. — Feuilles en tôle piquées et découpées pour
brasseur.


**Lhuillier,** à Dijon (Côte-d'Or).

272. — Trieur à grain.


**Martin** frères, tonneliers à Bischwiller (Bas-
Rhin).

273. — Tonneaux construits spécialement pour les
différents usages de la brasserie et de la
consommation des bières.


**Pilter** (Th.), 9, rue Fénelon, place Lafayette,
Paris.

274. — Une ébarbeuse d'orge.

Le prix de cet instrument est de 170 fr. — Il travaille 2,000 litres
à l'heure.

**Radidier** et **Simonel,** mécaniciens, rue des Boulets, 30, cité Beauharnais, Paris.

**275.** — Un ébarbeur, nettoyeur et concasseur.

Cette machine fonctionne à bras ; elle travaille 3 hectol. d'orge à l'heure.

**276.** — Une pompe à dickmaische.

Cette pompe fonctionne à bras, et donne environ 4,000 litres à l'heure.

**277.** — Une pompe rotative.

Cette pompe, très employée dans les brasseries, est destinée principalement au soutirage des bières. Elle donne 3,000 litres à l'heure.

**Vantelot-Béranger,** à Beaune (Côte-d'Or).

**278.** — Une pompe à soutirer tous les liquides.

Au moyen de changement des pièces, cette pompe peut fonctionner comme pompe d'incendie et comme pompe d'arrosage.
Prix : de 110 à 150 fr.

**279.** — Une cisaille poinçonneuse.

Cet appareil, à l'usage des tonneliers et des foudriers, se compose de lames à cisailles et de poinçons doubles pour différentes forces de fer.

**280.** — Une porte de foudre munie d'un clapet de sûreté.

M. Vantelot est représenté à Dijon par MM. Luminey et Berille, rue Saint-Philibert, 65 bis.

**Velten**, à Marseille (Bouches-du-Rhône).

(Voy, 2ᵉ Section, nᵒ 148, et 3ᵉ Section, nᵒ 230.)

**281.** — Un robinet pour la bière.

Ce robinet a pour but de produire une mousse crêmeuse dans les bières débitées en chopes.

**282.** — Une série de tableaux représentant divers appareils fonctionnant dans la brasserie Velten.

Nous signalerons les appareils réfrigérants permettant la production du froid nécessaire au maintien de la fermentation à basse température, les appareils employés pour conserver la bière par l'action de la chaleur, et le système de transvasage des bières au moyen de l'air filtré et comprimé.

### Virey et C^ie, à St-Dié-des-Vosges.

**283.** — Un concasseur avec cribles pour brasseur.

Le prix de cet instrument est de 400 fr.

**284.** — Un concasseur, plus petit modèle.

Le prix de cet instrument est de 300 fr.
Cet appareil et le précédent nettoyent parfaitement l'orge des germes et de toute autre matière étrangère.

### Wateau-Grimblot, à Marle (Aisne).

**285.** — Réfrigérant.

Cet appareil, inventé par l'exposant, occupe en hauteur 1m50 environ. Dans cette condition, avec 1m de diamètre, il peut refroidir par heure, 20 hectolitres.
Le prix du réfrigérant exposé est de 800 fr.

### Willhammer-Müller, tonnelier, à Strasbourg (Bas-Rhin).

**286.** — Une cuve à fermentation, ronde, de la contenance de 20 hectolitres.

**287.** — Une cuve à fermentation, ovale, même contenance.

**288.** — Une cuve à fermentation, carrée, même contenance.

**289.** — Un foudre rond pour bière de garde, contenant 20 hectolitres.

**290.** — Un tonneau ovale pour bière, de la même contenance.

**291.** — Fûts à pression pour le transport de la bière, de 50 à 100 litres.

La fabrication de ces différents appareils est brevetée, elle a lieu par des procédés mécaniques.

# ANGLETERRE.

**Ashby** (Morris), Staines.

292. — Dessin d'un réfrigérant pour la bière

**Bourne** (Stephen), 4, Cullum-Street (Londres).

293. — Diaphragme flexible et soupapes élastiques pour fûts et autres vases destinés à contenir des liquides.

Le diaphragme flexible a pour but d'empêcher les liquides de se détériorer au contact de l'air. Les soupapes élastiques servent à régler l'échappement du gaz et du liquide, et à l'admission de l'air.

Détail des objets exposés : 1° un tonneau de dix litres fabriqué en France, avec diaphragme et soupapes; 2° modèle d'une tonne à bière fabriqué en Angleterre; 3° petit modèle et vase en verre destiné à montrer l'action du diaphragme; 4° diaphragme nouveau fabriqué en France; 5° partie de douve avec trois soupapes; 6° soupapes montées et non montées; 7° appareil en verre pour faire voir l'action des deux soupapes.

La photographie jointe à ces objets représente les appareils qui ont été envoyés à l'exposition internationale de Dublin.

**Chittenden** (T.-P.), Watford, Herts.

294. — Machine à brasser.

Le système de cet appareil est entièrement neuf; il est supérieur à tous ceux qui sont connus tant sous le rapport de la durée que sous celui des résultats obtenus.

Les prix varient de 150 fr. à 400 fr., suivant les quantités à brasser.

**Davison** et **Scamell**, ingénieurs, 1, London-Street, Londres.

295. — Modèle d'une machine pour nettoyer les tonneaux.

Cette machine peut nettoyer de 250 à 300 tonneaux par jour.

296. — Brasserie de MM. Allsopp et C^{ie}, à Burton-on-Trent. Deux dessins.

Cette brasserie a été construite sous la direction de M. Davison

**297. — Machine à produire et à insuffler de l'air chaud.**

Cette machine, également propre à sécher le grain et le bois, et à chauffer les appartements, est représentée dans le dessin comme servant à sécher les crèches. Cette dessiccation a lieu sous l'influence de courants rapides d'air chaud.

**298. — Système suivi pour nettoyer et purifier les tonneaux par l'emploi successif de la vapeur d'eau et de l'air chaud.**

Les principales brasseries d'Angleterre et d'Irlande emploient aujourd'hui ce moyen de purification et de dessiccation des tonneaux.

Tous ces appareils ont été inventés ou construits par MM. Davison et Scamell, ingénieurs consultants pour les brasseries.

**Garton (Ch.) et C<sup>ie</sup>, Bristol.**

(Voy. 2<sup>e</sup> Section, n° 160.)

**299. — Sucre employé dans la fabrication de l'Ale.**

**300. — Machine à brasser.**

**Gregory et Haynes, ingénieurs, 184, Chapel-Street, Salford (Manchester).**

**301. — Modèles de machines et appareils en usage dans les brasseries.**

**Richardson (John), Notting-Hill, Londres.**

**302. — Un saccharomètre à l'usage des brasseries.**

**Ritchie (George), à Edimbourg.**

**303. — Filtre à levûre (Yeast Filter).**

**Taylor (W.-R.), 35, Pembroke Street, Oxford.**

(Voy. 2<sup>e</sup> Section, n° 164.)

**304. — Orge.**

**305. — Malt.**

La préparation de ce produit a été faite avec l'orge du numéro précédent.

**306. — Pelle à malt.**

La construction de cet instrument est faite de manière à respecter les racines du grain.

**307. — Fûts brevetés.**

Ces fûts permettent une plus facile conservation de la bière, l'air ne pouvant rentrer que si la bière ne fournit pas assez de gaz acide carbonique pour remplir le vide produit par son écoulement.

**308. — Fausset breveté, et disposition nouvelle servant à soulever les faussets.**

L'usage de ces appareils en a démontré la simplicité et en même temps l'efficacité.

Tous ces instruments sont brevetés par la maison Taylor. Un certificat des autorités locales atteste la véracité des déclarations précédentes.

## AUTRICHE.

**Urfus** (Joh), à Vollanitz (Bohême).

**309. — Appareil économique pour la préparation du malt.**

Cet appareil exige moins de main-d'œuvre que les autres, il permet d'opérer pendant toute l'année.

Son emploi est très économique.

## BADE.

**André** (Antoine), fils, à Oppenau.

**310. — Poix.**

Deux cuveaux de poix pour brasseurs.

**Bopp**, à Mannheim.

**311. — Appareil pour l'enlèvement des germes et le nettoyage du malt.**

## BAVIÈRE.

**Schulze** (Hugues), rue Large, 460, à Nuremberg.

**312. — Sacs-filtres à l'usage de la bière.**

Il se fait trois numéros de sacs-filtres :
Le n° 1 a 1 m. 43 c. de longueur.

Le nº 2 a 1 m. 25 c. de longueur, c'est le plus recherché.
Le nº 3 a 1 m. 04.
Les prix sont, à Nuremberg, pour le nº 1 . . . . . 102 fr. la douz.
                   le nº 2 . . . . . 92 fr.   —
                   le nº 3 . . . . . 84 fr.   —

## BELGIQUE.

### Charlier, rue Petite-Belle-Vue, 43, à Gand.

(Voy. 2ᵉ Section, nº 171.)

### 313. — Saccharomètre centésimal.

Cet appareil est employé pour peser la bière. Il est accompagné d'une instruction avec tables pour son emploi.

### 313 *bis*. — Nouveau système de cuve matière produisant la saccharification complète des grains.

L'usage de ce système rend le travail plus simple et plus régulier, il augmente le rendement en produisant une saccharification plus complète et en empêchant l'acidité.

### Lust (Gustave), à Courtrai, Flandre Occidentale.

(Voy. 2ᵉ Section, nº 176.)

### 314. — Plan d'une cuve matière perfectionnée.

Cet appareil donne une saccharification plus rapide et plus complète que les autres systèmes, et elle permet d'obtenir des produits bien supérieurs.

### 315. — Appareil pour mettre les grains en sac.

### Van der Neersch, à Lochtervelde, Flandre Occidentale.

### 316. — Vinaigre de bière.

Le prix de revient de ce vinaigre est de 14 c. le litre au lieu de fabrication.

### Zerque-Huet (René), à Feluy, Hainaut.

(Voy. 2ᵉ Section, nº 184.)

### 317. — Réfrigérant pour brasseries.

Ce réfrigérant peut s'employer dans tous les bacs rafraîchissoirs. On peut, par conséquent, l'employer dans les brasseries établies, sans en changer les dispositions.

## HAMBOURG.

**Hermann, Meyer** et C<sup>e</sup>, Altermall, 54, à Hambourg.

318. — Poix à bière.

Poix employée par les brasseurs de bière de Bavière pour calfater l'intérieur des fûts.

## HOLLANDE.

**Buchholtz.**

(Voy. 1<sup>re</sup> Section, n° 110, et 2<sup>e</sup> Section, n° 187.)

319. — Malt.

## PRUSSE.

**Ignatz Beu,** à Uerdingen–sur–le–Rhin.

320. — Levûre pressée.

Levûre purifiée, privée de son principe amer, puis desséchée et rendue susceptible d'une grande conservation.
Ce procédé permet l'emploi d'une substance dont les applications étaient jusqu'ici restreintes par son altérabilité.

**Kleyer** et **Rosenbaum,** à Darmstadt.

321. — Tableau et catalogue de machines à l'usage de la brasserie.

## CINQUIÈME SECTION.

# LIVRES, BROCHURES,

**Mémoires manuscrits ou imprimés sur tous les sujets
se rattachant à la Bière et au Houblon.**

—

### FRANCE.

**Beckenhaupt** (G.-G.-L.), à Bischwiller (Bas-
Rhin).

322. — Comparaison des houblons d'Alsace et des
houblons d'Allemagne.

Dernière réponse de M. Beckenhaupt dans la Polémique entre
A. Pollak, de Prague, et Beckenhaupt, de Bischwiller, relativement
à la qualité des houblons d'Alsace comparés à ceux d'Allemagne.
Une brochure in-8 de 30 pages; Bischwiller, 1863.

**Bourgeois**, 143, rue St-Antoine (Paris).

(Voy. 2ᵉ Section, nᵒ 128, et 4ᵉ Section, nᵒˢ 243 et 244.)

323. — Collection complète du *Journal des brasseurs*.

**Gautheret** (Claude), à Lux (Côte-d'Or).

(Voy. 1ʳᵉ Section, nᵒ 21, et 3ᵉ Section, nᵒˢ 205 à 209.)

324. — Note sur la culture du houblon.

Manuscrit de 11 pages.

**Jourdeuil**, à Beire-le-Châtel (Côte-d'Or).

(Voy. 1ʳᵉ Section, nᵒ 30, et 3ᵉ Section, nᵒ 214.)

325. — De la culture du houblon dans la Bourgogne.

Brochure in-12 de 32 pages; Dijon, 1865.

**Pallard**, à Bazas (Gironde).

(Voy. 1ʳᵉ Section, n° 53.)

326. — Culture du houblon dans la Gironde et les autres départements méridionaux de la France.

Brochure publiée par M. Pallard, secrétaire du Comice agricole de Bazas.

**Rogé** père, à Pont-à-Mousson (Meurthe).

327. — Mémoire sur la culture du houblon.

Manuscrit de 29 pages.

**Vandewalle** (Evariste), à Berthen (Nord).

(Voy. 1ʳᵉ Section, n° 70.)

328. — Du houblon.

Manuscrit de 46 pages.

## ANGLETERRE.

**Manwaring**, 8, Silver-Street, à Worcester.

329. — Traité sur la culture du houblon.

Un vol. in-12 de 58 p. — Worcester, 1855.

**Rose** (R.), Halstead, nʳ Sevenoaks, Kent.

330. — Houblon et bière.

Manuscrit de 5 feuilles in-4 sur le houblon et la fabrication de la bière.

## AUTRICHE.

**Hofmann** (Franz-Wilh.), Landstrasse Obere Weissgœrberstrasse, 14, à Vienne.

331. — La culture du houblon dans la Basse-Autriche.

Brochure in-8 de 84 pages ; Vienne, 1861.

**332.** — Culture du houblon (tableau).

Ce tableau fait partie d'une collection de tableaux agricoles.

**Schoffl** (Joseph), à Saaz (Bohême).

(Voy. 1re Section, no 97.)

**333.** — Culture du houblon à Saaz.

Brochure in-18 de 135 pages. — Saaz, 1863.

## BAVIÈRE.

**Carl** (J.), à Nuremberg.

**334.** — Gazette générale du houblon (Allgemeine-Hopfenzeitung), organe de la brasserie bavaroise.

La collection de ce recueil comprend 6 années.
Il traite toutes les matières intéressant les brasseurs et les planteurs de houblon.
J. Carl, propriétaire et rédacteur en chef, à Nuremberg.

## BELGIQUE.

**Alost** (Société du commerce du houblon d').

**335.** — Statuts de la Société du commerce du houblon d'Alost, et diplôme des membres de la Société.

**Mertens** (Alexandre), à Anvers (Belgique).

**336.** — De la Culture du Houblon dans les bruyères de Belgique et des Pays-Bas.

Une brochure in-8o, de 40 pages; Anvers, 1857.

## ITALIE.

**Pasqui** (Gaëtano), à Forli (Romagne).

(Voy. 1re Section, no 112, et 3e Section, no 235.)

**337.** — Sur le houblon (Del Luppolo).

Brochure in-8o de 8 pages avec des planches; Bologne, 1861.

## PRUSSE.

### Flatau (Jos-Jac.).

(Voy. 1re Section, nº 115.)

**338. — La Culture du houblon (Hopfenbau).**

Une brochure in-8º de 16 pages. 2me édition, Berlin, 1861.

### Habich (G.-E.), à Wiesbaden.

**339. — L'Ecole de la Brasserie (Die Schule der Bier-brauerie).**

Deux vol. grand in-18 de 274 et 384 pages, avec de nombreuses figures dans le texte; Leipzig et Berlin, 1867.

**340. — Le Brasseur (Der Bierbrauer.**

Ce recueil comprend tout ce qui intéresse l'art des brasseurs, la culture du houblon aussi bien que la préparation du malt. Sa publication remonte à 1859.

Chaque année il a paru un volume in-8º d'environ 200 pages avec des planches et des figures.

La collection de 1859 à 1866 forme huit volumes.

**341. — La Préparation du malt.**

Brochure in-8º de 68 pages; Leipzig, 1859.

Cette brochure contient l'étude chimique de la préparation du malt et la description d'un moyen perfectionné de dessiccation de cette substance.

**342. — Atlas de dessins représentant les constructions, appareils et machines de la brasserie.**

L'atlas contient 20 planches, il est accompagné d'un texte grand in-8º de 36 pages; Leipzig, 1866.

Ce dernier ouvrage a été fait et publié par MM. G.-E. Habich et H. Habich jeune.

# COMPTE RENDU SOMMAIRE

## DES OPÉRATIONS FAITES PENDANT L'EXPOSITION.

Le mercredi 10 octobre, l'Exposition a été ouverte à deux heures.

M. le Préfet de la Côte-d'Or, MM. les Adjoints en l'absence de M. le Maire de Dijon, et les principales autorités, accompagnés des membres du Comité central, ont visité les différentes salles dans lesquelles étaient disposés les produits et les machines.

A trois heures, les portes ont été ouvertes au public.

Ainsi, malgré le retard apporté dans un grand nombre d'envois, le Comité a tenu à satisfaire à cette première indication de son programme, et les jours suivants l'Exposition s'est complétée rapidement.

Le Catalogue des objets exposés a été rédigé conformément à la classification admise dans le programme, et dans le rangement de ces objets, on a cherché autant que possible à suivre le même ordre.

Dans la salle Philharmonique ont été disposés tous les échantillons de houblon et la plupart des appareils employés à sa culture.

La salle de Flore était réservée aux machines et ustensiles de brasserie, ainsi qu'aux spécimens et tableaux envoyés par les exposants de bière.

Les bières en fûts et en bouteilles ont été déposées dans une des caves du palais des Archives.

Malgré la classification que nous venons d'indiquer, plusieurs machines d'un grand volume ont dû être placées dans le grand escalier et dans le vestibule de la salle Philharmonique, et ceux des instruments de culture qui, par suite de cette disposition, n'ont pu trouver place dans le voisinage de cette salle, ont été reportés dans la salle de Flore.

La communication entre les deux grandes salles avait lieu par les pièces occupées par la Chambre de commerce, et que M. Charles Manuel, son président, avait mises à la disposition du Comité.

La salle des séances de cette Chambre a pu servir pour les réunions des Commissions et du jury, et dans une pièce voisine, MM. les Exposants pouvaient chaque jour prendre leurs notes et faire leurs correspondances.

Le jeudi 11 octobre, à neuf heures du matin, devait avoir lieu la première réunion du jury.

Dans cette séance, il fut décidé que deux Commissions seraient formées, l'une pour s'occuper du houblon et de sa culture, l'autre pour examiner les bières et les machines et appareils de la brasserie. Voici la composition de ces deux Commissions :

### Commission des Houblons.

MM.  Bassot, négociant, à Dijon.
Dubois, ancien brasseur, à Brest.
Joigneaux, agronome, à Paris.
Laborie, ingénieur en chef, membre du Comité central.
Meugniot, fabricant d'instruments, membre du Comité central.
Nardon, ancien contre-maître brasseur, à Paris.
Perreau, brasseur, à Dijon.
Regneau, ancien brasseur, à Dijon.
Trivier, brasseur, à Dijon.
Velten, brasseur, à Marseille.
Vernis, ingénieur des ponts et chaussées, à Dijon.
Welter, membre du Conseil général de la Côte-d'Or, à Beaune.

### Commission des Bières.

MM. Coffin, ingénieur des ponts et chaussées, membre du Comité central.
Dubois, ancien brasseur, à Brest.
Guillemot (Paul), négociant, à Dijon.
Van Hægaerden, ingénieur-constructeur, à Raismes (Nord).

MM. Lenoir, membre du Comité central, à Gevrey-Chambertin.

Meugniot, fabricant d'instruments, membre du Comité central.

Nardon, ancien contre-maître brasseur, à Paris.

Perreau, brasseur, à Dijon.

Regneau, ancien brasseur, à Dijon.

Regnier (Jules), négociant, à Dijon.

Trivier, brassenr, à Dijon.

Welter, membre du Conseil général de la Côte-d'Or, à Beaune.

Il a été ensuite décidé que MM. Gaulin, président du Comité central, Joly, trésorier, et Ladrey, secrétaire, feraient partie des deux Commissions, et que ces Commissions pourraient également s'adjoindre à titre d'indicateurs, toutes les personnes compétentes qui voudraient bien accepter de prendre part à leurs travaux.

La Commission des houblons s'est ensuite ajournée au lendemain vendredi, pour commencer ses opérations; le rendez-vous a été fixé à huit heures du matin, salle Philharmonique.

La Commission des bières a été convoquée pour le samedi 13, à deux heures, au palais des Archives.

Les travaux des deux Commissions ont marché aussi rapidement que possible; ceux de la Commission des houblons ont été terminés le samedi 13, et ceux de la Commission des bières, le lundi 22 octobre.

Le jeudi suivant, 25 octobre, la Commission du Comité central s'est réunie dans la Chambre de commerce et, après avoir entendu les propositions formulées par chacune des Commissions d'examen, elle a arrêté la liste des récompenses que nous publions plus loin.

Avant de se séparer, la Commission, après avoir pris l'avis de M. le Préfet, président d'honneur du Comité, a fixé la distribution des récompenses au lundi 5 novembre, à quatre heures. Ce jour a été choisi dans la pensée que M. Dailly, président de la Commission d'enquête, ainsi que MM. les membres de cette Commission, pourraient accepter l'invitation qui leur sera faite d'assister à cette cérémonie.

Le dimanche 28 octobre, un concert a été donné dans

les salles de l'Exposition; la Fanfare et la Société chorale de Dijon ont bien voulu offrir leur concours au Comité pour l'organisation de cette fête.

Le dimanche suivant, 4 novembre, le Comité d'agriculture a mis les salles de l'Exposition à la disposition de la Société chorale de Dijon pour y donner un second concert au profit des inondés.

Pendant toute la durée de l'Exposition, depuis le 10 octobre jusqu'au 5 novembre, les salles ont été chaque jour ouvertes au public, de midi à cinq heures.

Nous aurons terminé cette indication rapide des opérations faites pendant le Concours en ajoutant qu'après la dégustation officielle des bières, les produits exposés, soit en fûts, soit en bouteilles, ont été soumis à l'appréciation des personnes intéressées, brasseurs, cafetiers ou amateurs, dans les journées des 24 et 29 octobre.

Nous avons annoncé dans la dernière circulaire reproduite en tête de cette première partie du compte-rendu que la Société d'horticulture de la Côte-d'Or avait bien voulu se charger de la décoration des salles de l'Exposition. Nous croyons devoir ajouter ici le nom des horticulteurs, membres de la Société, qui ont envoyé des plantes et des arbustes, et ont ainsi répondu très gracieusement à l'appel de leur Conseil d'administration et au désir exprimé par le Comité d'agriculture.

Ce sont MM. Bassot, rue des Ormeaux; Bizot, rue de la Préfecture; Hubert-Pingeon, rue Jehannin, 93; Lieutet-Jacotot, avenue du Parc; Loisier, rue d'Auxonne, 32, et Viennot, rue du Gaz, 15, tous horticulteurs à Dijon.

C. LADREY.

# LISTE DES RÉCOMPENSES

accordées par le Comité central d'agriculture de la Côte-d'Or

à la suite de l'Exposition internationale

## DE HOUBLONS ET DE BIÈRES DE DIJON

—▷─✳─◁—

## PRIX D'HONNEUR.

### Récompenses décernées aux membres du Jury Exposants.

### A M. Bassot (Nestor), à Dijon,

Pour services rendus par l'extension du commerce du houblon de Bourgogne, et par l'établissement, à Dijon, d'une malterie dont les produits ont été reconnus de qualité supérieure.

### A M. Velten, à Marseille (Bouches-du-Rhône),

Pour avoir réalisé dans sa brasserie les applications les plus récentes de la science à l'industrie.

### A M. Van Haegaerden (Edouard), à Raismes (Nord),

Pour services rendus à la brasserie française, par la création d'une usine spécialement destinée à la fabrication des appareils employés par les brasseurs.

### A M. Nardon, à Paris,

Pour services rendus à la brasserie française par ses connaissances spéciales, largement utilisées par les brasseurs des différents départements.

———————

# HOUBLONS.

## MÉDAILLES D'OR.

### Médaille donnée par Sa Majesté l'Empereur.

A la Société houblonnière de Krumbach, à Krumbach, Bavière,

Pour les houblons exposés sous le n° 102.

### Médaille donnée par S. Exc. le Ministre de l'agriculture, du commerce et des travaux publics.

A M. Fohmann, à Tettnang, Wurtemberg,

Pour le houblon exposé sous le n° 118.

### Médaille donnée par la Ville de Dijon.

A M. Johann Tensi, à Saint-Veit (Carinthie), Autriche,

Pour le houblon exposé sous le n° 98.

A M. Jourdeuil, à Beire-le-Châtel (Côte-d'Or),

Pour les houblons exposés sous le n° 30.

A M. Lenoir (Jules), à Beire-le-Châtel (Côte-d'Or),

Pour les houblons exposés sous le n° 32.

## MÉDAILLES D'ARGENT DE 1re CLASSE.

A M. Girodet, à Is-sur-Tille (Côte-d'Or),

Pour le houblon exposé sous le n° 22.

A M. Hailer (Henri), à Horb, Wurtemberg,

Pour le houblon exposé sous le n° 119.

A M. Pichard, à Aigle (Vaud), Suisse,

Pour le houblon exposé sous le n° 117.

**A M. Pfahter, à Spalt, Bavière,**
Pour le houblon exposé sous le n° 104.

**A M. Robelin, port du Canal, à Dijon,**
Pour le houblon récolté à Varennes (Côte-d'Or), exposé sous le n° 42.

**A M. Vaultrin, à Metz (Moselle), France,**
Pour le houblon exposé sous le n° 65.

### MÉDAILLES D'ARGENT DE 2ᵉ CLASSE.

**A M. Bertrand (Julien), à St-Quentin-sur-Isère (Isère), France,**
Pour le houblon exposé sous le n° 57.

**A M. Fougères, à Beaune (Côte-d'Or),**
Pour le houblon exposé sous le n° 58, et provenant des houblonnières de la Fraigneuse (Jura).

**A M. Grapin, à Messigny (Côte-d'Or),**
Pour le houblon exposé sous le n° 23.

**A M. Groffier, à Bonnencontre (Côte-d'Or),**
Pour le houblon exposé sous le n° 24.

**A M. Guichard-Potheret, à Dracy-le-Fort (Saône-et-Loire),**
Pour les échantillons de houblon exposés sous le n° 73.

**A M. Hugon (Sylvestre), à Thil-Châtel (Côte-d'Or),**
Pour les houblons exposés sous le n° 28.

**A M. Joignault (Charles), à Seurre (Côte-d'Or),**
Pour le houblon exposé sous le n° 29.

**A M. Kukucz (Georges), à Brody (Galicie), Autriche,**
Pour le houblon exposé sous le n° 95.

A M. Montoiret (Bénigne), à Saint-Julien (Côte-d'Or),

Pour le houblon exposé sous le n° 37.

A M. Pétot, à Villey-sur-Tille (Côte-d'Or),

Pour les houblons exposés sous le n° 40.

A M. Tabourot (Denis), à Saint-Julien (Côte-d'Or),

Pour le houblon exposé sous le n° 49.

A la Société d'horticulture de Bamberg, à Bamberg, Bavière.

Pour les houblons exposés sous le n° 101, et provenant des cultures de MM. Sippel et Galimberti, membres de la Société.

A la Société agricole et houblonnière de Bitbourg, à Bitbourg, Prusse.

Pour les houblons exposés sous le n° 114.

A M. Wittersheim, à Barr (Bas-Rhin),
Pour le houblon exposé sous le n° 10.

----

# BIÈRES.

## MÉDAILLES D'OR.

A la Brasserie du petit Château des Roches (Bierbrauerei zùm Feldschlosschen), à Dresde, Saxe,

Pour les bières exposées sous le n° 190.

A MM. John Fowler et C<sup>ie</sup>, à Prestonpans, Ecosse,

Pour les bières exposées sous le n° 158.

A M. Wagner (Emile), rue d'Austerlitz, 20, à Strasbourg (Bas-Rhin),

Pour les bières exposées sous le n° 149.

## MÉDAILLES D'ARGENT DE 1re CLASSE.

A MM. Allsopp et Son, à Burton-sur-Trent, Angleterre,

Pour les bières exposées sous le n° 153 et mises en bouteilles par M. Callot, à Paris.

A MM. Bass et Cie, à Burton-sur-Trent, Angleterre,

Pour les bières exposées sous le n° 154. Ces bières ont été mises en bouteilles par MM. Morgan et Cie, de Paris.

A MM. Batault fils et Micaud, à Nolay (Côte-d'Or),

Pour les bières exposées sous le n° 124.

A MM. Ch. Garton et Cie, à Bristol, Angleterre.

Pour les bières exposées sous le n° 160.

A MM. Hoffherr frères, à Lyon (Rhône),

Pour les bières exposées sous le n° 138.

A M. Koch aîné, à Lyon (Rhône),

Pour les bières exposées sous le n° 140.

A M. Robillard, à Hensies, Belgique,

Pour la bière brune exposée sous le n° 178.

A M. Stephens (John), à Banbury, Angleterre,

Pour la bière forte brune de Banbury (Banbury brown Stout), exposée sous le n° 167.

A MM. Warwick et Sons, à Newark-sur-Trent, Angleterre,

Pour les bières exposées sous le n° 168.

## MÉDAILLES D'ARGENT DE 2e CLASSE.

A M. Bidault, à Digoin (Saône-et-Loire),

Pour la bière exposée sous le n° 127.

A MM. Damitio frères, à Pontarlier (Doubs),

Pour les bières exposées sous le n° 131.

A M. Freund (Paul), à Saint-Louis (Haut-Rhin),

Pour la bière exposée sous le n° 134.

A M. Lannoy-Sablon, à Charleroy, Belgique,

Pour la bière exposée sous le n° 174.

A MM. Messner et Faessel, à Dijon (Côte-d'Or),

Pour les bières exposées sous le 142.

A M. Paternostre-Cattier, à Mons, Belgique,

Pour la bière de garde exposée sous le n° 177.

A la Société d'horticulture de Bamberg, à Bamberg, Bavière,

Pour la bière de Bamberg fabriquée par Joseph Gabler, membre de la Société, et exposée sous le n° 185.

A M. Winckler (Alphonse), à Morez (Jura),

Pour les bières exposées sous le n° 150.

A MM. de Winter frères, à Oppuers, Belgique.

Pour la bière exposée sous le n° 183.

A M. Wittersheim, à Barr (Bas-Rhin),

Pour la bière exposée sous le n° 151.

---

# INSTRUMENTS ET APPAREILS

SE RATTACHANT A LA CULTURE DU HOUBLON ET A LA FABRICATION DE LA BIÈRE.

## MÉDAILLES D'OR.

A MM. Kolb frères, à Strasbourg (Bas-Rhin),

Pour leurs appareils à l'usage de la brasserie, exposés sous les n°s 263, 264 et 265,

A M. Willhammer-Müller, à Strasbourg (Bas-Rhin),

Pour ses cuves, foudres et tonneaux exposés sous les n⁰ˢ 286 à 291.

## MÉDAILLES D'ARGENT DE 1ʳᵉ CLASSE.

A MM. Davison et Scamell, à Londres,

Pour leurs machines servant à nettoyer les tonneaux, exposées sous les n⁰ˢ 295 et 298.

A M. Epps (Alexandre), à Canterbury (Kent), Angleterre,

Pour son appareil servant à la dessiccation du houblon, du malt et d'autres substances, exposé sous le n⁰ 232.

A M. Esquiron, à Paris,

Pour son appareil à essayer les houblons, exposé sous le n⁰ 204.

A MM. Garton (Charles) et Cⁱᵉ, à Bristol, Angleterre,

Pour leur machine à brasser exposée sous le n⁰ 300.

A M. Habich, à Wiesbaden, Prusse,

Pour les ouvrages sur l'Art de la brasserie, exposés sous les n⁰ˢ 339 à 342.

A M. Mertens (Alexandre), à Anvers, Belgique,

Pour ses plantations de houblon dans les bruyères de la Hollande et de la Belgique.

A MM. Radidier et Simonel, rue des Boulets, 30, à Paris,

Pour les appareils à l'usage de la brasserie, exposés sous les n⁰ˢ 275, 276 et 277.

A M. Taylor, à Oxford, Angleterre,

Pour ses produits et ses appareils à l'usage de la brasserie, exposés sous les n⁰ˢ de 304 à 308.

## MÉDAILLES D'ARGENT DE 2ᵉ CLASSE.

**A M. Bontemps, à Chalon-sur-Saône (Saône-et-Loire),**

Pour son réfrigérant destiné au refroidissement de la bière, exposé sous le nᵒ 242.

**A M. Carpentier, rue des Marais-Saint-Martin, 40, à Paris,**

Pour ses appareils en fer et tôle galvanisés, à l'usage de la brasserie, exposés sous les nᵒˢ 245, 246 et 247.

**A M. Charlier, à Gand, Belgique,**

Pour ses travaux sur les différentes opérations de la brasserie.

**A M. Converset-Debrie, à Châtillon-sur-Seine (Côte-d'Or),**

Pour une charrue propre à la culture du houblon, exposée sous le nᵒ 201.

**A MM. Doullay et Martin, à Chelles (Seine-et-Marne),**

Pour leur appareil servant à l'élévation des bières, exposé sous le nᵒ 248.

**A M. Dubois, fermier à Varennes (Côte-d'Or),**

Pour avoir facilité, comme fermier, l'extension de la culture du houblon dans sa commune.

**A M. Fautrey, instituteur à Toutry (Côte-d'Or),**

Pour ses essais de culture du houblon dans la commune de Toutry.

**A M. Jourdeuil, à Beire-le-Châtel (Côte-d'Or),**

Pour une tente-abri permettant la cueillette du houblon en temps de pluie, exposée sous le nᵒ 214.

**A M. Pilter, rue Fénelon, 9, à Paris,**

Pour son ébarbeuse d'orge, exposée sous le nᵒ 274.

**A MM.** Schulze (Hugues), à Nuremberg, Bavière,

Pour les sacs-filtres à l'usage de la bière, exposés sous le n° 312.

**A M.** Vantelot-Béranger, à Beaune (Côte-d'Or),

Pour sa pompe à soutirer, exposée sous le n° 278.

**A MM.** Virey et C$^{ie}$, à Saint-Dié-des-Vosges,

Pour les concasseurs exposés sous les n$^{os}$ 283 et 284.

**A M.** Zerque-Huet, à Feluy, Belgique,

Pour son réfrigérant à l'usage des brasseries, exposé sous le n° 317.

----

Le Comité d'agriculture a décerné une médaille à MM. Bassot, Bizot, Hubert-Pingeon, Lieutet-Jacotot, Loisier et Viennot, horticulteurs à Dijon et membres de la Société d'horticulture, pour l'empressement qu'ils ont mis à entretenir, pendant toute la durée du Concours, les collections de fleurs, de plantes et d'arbustes diposés par eux dans les salles de l'Exposition.

----

Nous devons faire connaître immédiatement plusieurs décisions prises par le Comité, et qui sont destinées à compléter l'examen de différents objets envoyés à l'Exposition, et qu'il était impossible d'apprécier pendant la durée du Concours.

Une Commission spéciale, désignée par le Comité, ira visiter, au printemps prochain, les houblonnières de MM. Groffier, de Bonnencontre; Mugnier, de Cirey, et Tabourot, de Saint-Julien, afin de juger les systèmes de culture suivis par chacun de ces exposants, et dont les modèles ont figuré à l'Exposition.

Le Comité a fait l'acquisition d'une quantité suffisante de l'engrais exposé par M. Renard, sous le n° 222. Cet engrais sera mis à la disposition de plusieurs planteurs de houblon, et un rapport sera fait sur les résultats qui auront été obtenus dans ces essais.

La colle liquide exposée par M. Esquiron, sous le n° 249, et les poix envoyées par M. André, d'Oppenau, et Herman Meyer, de Hambourg, seront également remises à des brasseurs qui, après leur emploi, rendront compte de l'utilité et des avantages que présentent ces produits.

Les brochures imprimées et les manuscrits envoyés par MM. Beckenhaupt, de Bischwiller ; Gautheret, de Lux ; Jourdeuil, de Beire-le-Châtel ; Rogé, de Pont-à-Moussson ; Vandewalle, de Berthen ; Mawnaring, de Worcester ; Rose, de Sevenoaks ; Hofmann, de Vienne ; Schoffl, de Saaz ; Carl, de Nuremberg ; Pasqui, de Forli, et Flatau de Berlin, sont également l'objet d'un examen très attentif, et le Comité recevra prochainement communication d'un rapport spécial sur ces différents ouvrages.

Enfin, le travail des deux commissions des bières et des houblons sera complété par l'essai fait, au moyen de l'appareil de M. Esquiron, des principaux échantillons de houblon, et par l'analyse des principales bières envoyées à l'Exposition.

Dijon, 25 octobre 1866.

C. LADREY.

# SUPPLÉMENT AU CATALOGUE

## ET ERRATA.

**Ballingalle** et Son, à Dundee, Ecosse.

343. — Bière.

Douze bouteilles de Mild Strong Ale.

**Baretje,** fabricant de bouchons, place d'Armes, n° 11, à Dijon.

344. — Bouchons assortis.

## Beckenhaupt.

N° 1, Page 11.

Ajoutez :
Un échantillon de houblon d'Alsace, replant de Spalt.
Un échantillon de houblon d'Alsace, pesant deux kil. et demi et produit par une seule perche.

## Cappe (M$^{lle}$ de), à Dijon.

345. — Houblon de Beire-le-Châtel (Côte-d'Or) (peinture à l'huile).

## Carpentier.

N° 245, Page 50.

Au lieu de : Cuve matière simple avec un fond ; lisez : Cuve matière simple avec faux-fond.

## Epps (Alexandre), à Chilham, Canterburg (Kent).

(Voy. 3$^e$ Section, n° 232.)

346. — Houblon.

## Guinness, Son et C$^{ie}$, Jame's Gate (Dublin).

347. — Bière.

Extra Stout, bière mise en bouteilles par M. Callot, 8, rue Beausset, à Paris.

## Jaminet, au fond des Tawes, à Liége, Belgique.

348. — Houblon.

## Menetrier, rue Condé, 51, à Dijon.

(Voy. 1$^{re}$ Section, n° 217.)

349. — Balances.

350. — Tire-bouchons.

## Monniot, pensionnaire à l'hospice de Dijon, ancien cultivateur à Lux (Côte-d'Or).

351. — Un instrument pour arracher les perches à houblon.

Le prix de cet instrument est de 12 fr. S'adresser à M. Baron, rue Saint-Nicolas, 37, à Dijon.

**Pardailhan** (le baron de), à Autricourt (Côte-d'Or).

352. — Houblon.

Houblon de première année.

**Pètre** (Ed.), à Hal, Belgique.

353. — Bière.

344. — Appareil extracteur de drèche (modèle en zinc).

L'emploi de cet appareil remplace avantageusement les paniers en osier dont on se sert en Belgique pour l'extraction des moûts.

**Poupon** (Auguste), à Labergement-les-Seurre.

355. — Houblons.

**Regneau,** au Castel, Dijon (Côte-d'Or).

356. — Houblon.

Trois échantillons exposés hors Concours.
Ces trois échantillons ont été récoltés à Dijon ; ils ont été desséchés à l'air.

**Rémondet** (Auguste), à Sassenay-sur-Saône (Saône-et-Loire).

357. — Houblon.

**Sensi** (Johann), à Saint-Veit (Carinthie).

N° 98, page 25.

Au lieu de : Sensi, lisez : Tensi.

**Slepikowski,** à Ricey-Haut (Aube).

358. — Houblon.

———<o>———

Dijon, imp. J.-E. Rabutôt.

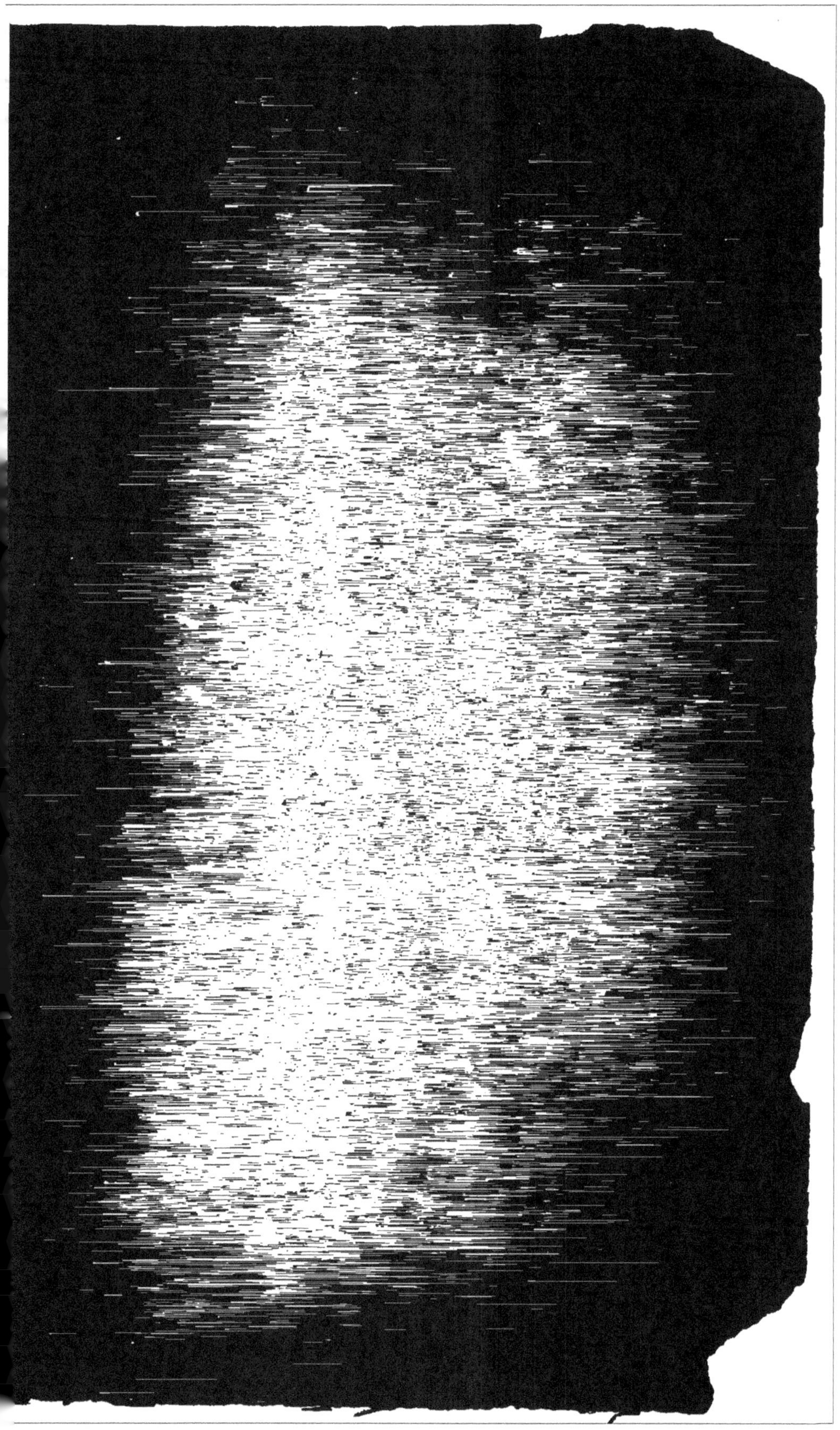

* 9 7 8 2 0 1 4 4 3 9 5 5 7 *